Docker
快速入门

赵荣娇 著

清华大学出版社
北京

内 容 简 介

近年来，云原生（Cloud Native）可谓是业界最火的概念之一，众多互联网巨头都已经开始积极拥抱云原生，越来越多的生产场景都直接上云，Docker 技术也由此得到了广泛的应用。本书用于 Docker 技术入门，配套示例源码、PPT 课件。

本书共分 15 章，内容包括容器技术的发展历程、Docker 的由来与容器生态、Docker 的安装与使用、容器的操作、镜像的操作、应用的容器化、Docker 网络、Docker 存储、日志管理、Docker Compose 部署和管理、Docker Swarm 集群管理、Docker 实战应用，以及通过 Docker Desktop 使用 Kubernetes。

本书内容详尽、示例丰富，是广大 Docker 初学者必备的参考书和工具书。本书也适合作为高等院校大数据、计算机软件等专业的教材。

本书封面贴有清华大学出版社防伪标签，无标签者不得销售。
版权所有，侵权必究。举报：010-62782989，beiqinquan@tup.tsinghua.edu.cn。

图书在版编目（CIP）数据

Docker 快速入门 / 赵荣娇著. —北京：清华大学出版社，2023.1（2025.3重印）
ISBN 978-7-302-62610-7

Ⅰ. ①D… Ⅱ. ①赵… Ⅲ. ①Linux 操作系统—程序设计 Ⅳ. ①TP316.85

中国国家版本馆 CIP 数据核字（2023）第 022848 号

责任编辑：夏毓彦
封面设计：王 翔
责任校对：闫秀华
责任印制：丛怀宇

出版发行：清华大学出版社
网　　址：https://www.tup.com.cn，https://www.wqxuetang.com
地　　址：北京清华大学学研大厦 A 座
邮　　编：100084
社 总 机：010-83470000
邮　　购：010-62786544
投稿与读者服务：010-62776969，c-service@tup.tsinghua.edu.cn
质 量 反 馈：010-62772015，zhiliang@tup.tsinghua.edu.cn

印 装 者：三河市人民印务有限公司
经　　销：全国新华书店
开　　本：190mm×260mm　　印 张：12　　字 数：324 千字
版　　次：2023 年 3 月第 1 版　　印 次：2025 年 3 月第 4 次印刷
定　　价：59.00 元

产品编号：093196-01

前　　言

Docker 的核心作用是什么

虚拟化和容器已经不是什么新的概念了，我们知道 Docker 是一个开源的应用容器引擎，它利用软件和基础环境打包分发的 Infrastructure As Code（基础设施即代码）思想，使得 Docker 可以轻松地为任何应用创建一个轻量级的、可移植的、自给自足的应用容器。

Docker 为何会出现

随着容器技术 20 年来如火如荼的发展，目前众多的互联网巨头都已经开始积极拥抱云原生。容器作为一种先进的虚拟化技术，已然成为云原生时代软件开发和运维的标准基础设施。容器技术需要解决的核心问题之一是运行时的环境隔离，容器需要运行时隔离技术来保证容器的运行环境符合预期。Docker 通过容器镜像，将应用程序与运行该程序所需要的环境，打包放在一个文件里面，解决了如何发布软件和如何运行软件的问题。Docker 的出现大力推动了云原生的发展。

Docker 和传统虚拟化方式的不同之处

传统虚拟机技术是虚拟出一套硬件后，在其上运行一个完整的操作系统，在该系统上再运行所需的应用进程。Docker 容器内的应用进程直接运行于宿主的内核，容器内没有自己的内核，也没有进行硬件虚拟，因此容器要比传统虚拟机更为轻便。Docker 每个容器之间互相隔离，每个容器有自己的文件系统，容器之间进程不会相互影响，能够区分计算资源。

学习 Docker 有什么好处

首先，随着云应用的普及，越来越多日常的环境部署和测试搭建，以及相关的软件开发、测试和部署都是在云上执行。

其次，了解 Docker 一次构建、随处运行的理念，能够实现更快速应用交付和部署、更便捷的升级和扩缩容、更简单的系统运维、更高效的计算资源利用，以实现交付标准化、资源轻量化。一次打包、到处运行的特点，使得迁移成本直线下降。例如要将数据从公有云迁至私有云，只需要迁移数据、迁移容器就可以快速完成。

本书适合你吗

本书将介绍 Docker 的基本概念、基本原理和核心技术；本书将详细讲解容器技术的发展历程，同时理解容器的工作原理；本书会涉及 Docker 核心技术介绍和使用案例，包括镜像、容器的基础概念和基本操作方法；本书从现实的操作指令出发，解决实操问题；本书提供实际项目的完整实践过程,从创建项目开始,到构建镜像、创建容器,再到与 Web Server 的交互及其实际运维操作;本书最后还给出通过 Docker 使用 Kubernetes 的操作步骤。

本书特点

(1)讲解细致,分析透彻。不论是理论知识的介绍,还是实例的开发,本书都从实际应用的角度出发,精心选择开发中的典型例子进行分析和讲解。

(2)深入浅出、轻松易学。本书以清晰详细的操作步骤结合大量的实际代码为主线,激发读者的阅读兴趣,让读者能够真正学习到 Docker 最实用、最前沿的技术。

(3)技术新颖、与时俱进。本书结合时下最热门的技术,如 Compose、Swarm、Kubernetes,让读者在学习 Docker 的同时,熟悉更多相关的先进技术。

(4)贴近读者、贴近实际。大量常用指令的用法和说明,帮助读者快速找到问题的最优解决方案,将 Docker 知识应用到真实的项目开发中。

(5)贴心提醒,要点突出。本书根据需要使用了很多"注意""说明"等提示,让读者可以在学习过程中更轻松地理解相关知识点及概念。

本书读者

- Docker 初学者。
- Docker 技术开发人员。
- 前端开发工程师。
- 后端开发工程师。
- 微服务软件开发人员。
- IT 实施和运维工程师。
- 高等院校与培训学校师生。

配套示例源码、PPT 课件下载

本书配套示例源码、PPT 课件,需要用微信扫描下面的二维码获取,可按扫描后的页面提示填写你的邮箱,把下载链接转发到邮箱中下载。如果阅读中发现问题或建议,请用电子邮件联系 booksaga@163.com,邮件主题为"Docker 快速入门"。

笔 者
2023 年 1 月

目　　录

第 1 章　容器技术的发展 1
1.1　什么是容器 1
1.2　为什么需要容器 3
1.3　容器技术的发展历程 5
1.4　容器的优缺点 6
1.4.1　容器的优点 6
1.4.2　容器的缺点 7
1.5　Docker 容器是如何工作的 7

第 2 章　Docker 简介 11
2.1　什么是 Docker 11
2.2　Docker 的由来与发展历程 12
2.3　Docker 的架构与组成 13
2.3.1　Docker 的架构 13
2.3.2　Docker 中应用系统的存在形式 15
2.4　Docker 容器生态系统 15
2.4.1　容器核心技术 15
2.4.2　容器平台技术 16
2.4.3　容器支持技术 17
2.5　为什么使用 Docker 18
2.5.1　Docker 的应用场景 18
2.5.2　Docker 可以解决哪些问题 19
2.5.3　Docker 的应用成本 19

第 3 章　Docker 的安装与使用 20
3.1　在 Windows 中安装 Docker 20

  3.1.1 安装 WSL 2 ·········· 20

  3.1.2 安装 Docker Desktop for Windows ·········· 22

 3.2 在 Ubuntu 中安装 Docker ·········· 24

  3.2.1 安装 Docker ·········· 24

  3.2.2 运行 Docker ·········· 26

  3.2.3 使用 docker 命令 ·········· 27

  3.2.4 使用 Docker 镜像 ·········· 28

 3.3 在 Mac OS 中安装 Docker ·········· 30

  3.3.1 使用 Homebrew 安装 ·········· 30

  3.3.2 手动下载安装 ·········· 31

第 4 章 操作容器 ·········· 33

 4.1 容器的生命周期 ·········· 33

 4.2 创建容器 ·········· 34

 4.3 管理容器 ·········· 36

 4.4 启动与终止 ·········· 37

 4.5 进入容器 ·········· 38

 4.6 导出和导入 ·········· 38

第 5 章 Docker 引擎 ·········· 40

 5.1 Docker 引擎简介 ·········· 40

 5.2 Docker 引擎的组件构成 ·········· 42

  5.2.1 runc ·········· 42

  5.2.2 containerd ·········· 42

第 6 章 Docker 镜像 ·········· 44

 6.1 镜像构成 ·········· 44

 6.2 获取镜像 ·········· 45

 6.3 列出镜像 ·········· 46

 6.4 删除本地镜像 ·········· 47

 6.5 定制镜像 ·········· 47

        6.5.1 使用 docker commit 命令定制镜像 ·· 48

        6.5.2 使用 docker build 命令+Dockerfile 文件定制镜像 ··························· 50

第 7 章　Docker 容器·· 52

　7.1 Docker 容器简介 ·· 52

　7.2 资源限制 ·· 52

        7.2.1 内存资源限制 ··· 53

        7.2.2 容器的内存限制 ·· 53

        7.2.3 容器的 CPU 限制 ·· 56

　7.3 容器的底层技术 ··· 61

        7.3.1 Cgroup ·· 61

        7.3.2 Namespace ··· 62

        7.3.3 联合文件系统（AUFS）·· 64

        7.3.4 LXC ·· 64

第 8 章　应用的容器化·· 65

　8.1 应用容器化简介 ··· 65

　8.2 单体应用容器化 ··· 66

　8.3 生成环境中的多阶段构建 ·· 69

　8.4 常用的命令 ·· 71

第 9 章　Docker 网络模式 ·· 73

　9.1 Docker 网络模式简介 ··· 73

　9.2 bridge 网络模式 ··· 74

　9.3 host 网络模式 ·· 77

　9.4 none 网络模式 ··· 78

　9.5 container 网络模式 ·· 78

　9.6 user-defined 网络模式 ··· 79

        9.6.1 创建自定义的 bridge 网络 ··· 79

        9.6.2 使用自定义网络 ·· 81

　9.7 高级网络配置 ·· 82

第 10 章　Docker 存储 86

10.1　Docker 存储简介 86
10.2　storage driver 87
10.3　data volume 88
10.3.1　volume 88
10.3.2　bind mount 90
10.3.3　tmpfs mount 91

第 11 章　日志管理 93

11.1　查看引擎日志 93
11.2　查看容器日志 94
11.3　清理容器日志 95
11.4　日志驱动程序 97
11.4.1　日志驱动程序概述 97
11.4.2　local 日志驱动 98
11.4.3　json-file 日志驱动 99
11.4.4　syslog 日志驱动 100
11.4.5　日志驱动的选择 100

第 12 章　Docker Compose 104

12.1　Docker Compose 简介 104
12.2　安装 Docker Compose 105
12.3　模板文件语法 106
12.3.1　docker-compose.yml 语法说明 106
12.3.2　YAML 文件格式及编写注意事项 114
12.3.3　Docker Compose 常用命令 115
12.3.4　Docker Compose 常用命令汇总清单 120
12.4　使用 Docker Compose 构建 Web 应用 120

第 13 章　Docker Swarm 124

13.1　Docker Swarm 架构与概念 124

- 13.1.1 Docker Swarm 架构 ·········· 124
- 13.1.2 Docker Swarm 相关概念 ·········· 125
- 13.1.3 Docker Swarm 的特点 ·········· 126
- 13.1.4 Docker Swarm 的工作流 ·········· 127

13.2 部署 Swarm 集群 ·········· 128
- 13.2.1 准备工作 ·········· 128
- 13.2.2 创建集群 ·········· 129
- 13.2.3 加入集群 ·········· 129
- 13.2.4 查看集群节点信息 ·········· 130
- 13.2.5 删除节点 ·········· 131
- 13.2.6 创建服务 ·········· 133
- 13.2.7 弹性扩缩容 ·········· 134

13.3 Docker Swarm 调度策略 ·········· 134

13.4 滚动升级 ·········· 134

13.5 Docker Swarm 常用指令 ·········· 136

第 14 章 Docker 实战应用 ·········· 138

14.1 Web 应用概要 ·········· 138

14.2 创建 Web 应用 ·········· 139

14.3 构建 Web 镜像 ·········· 141

14.4 创建接口服务 ·········· 145

14.5 构建 Server 镜像 ·········· 146

14.6 跨域转发请求 ·········· 148

14.7 部署 MySQL ·········· 156

第 15 章 通过 Docker Desktop 使用 Kubernetes ·········· 165

15.1 Kubernetes 基本概念 ·········· 165
- 15.1.1 Cluster ·········· 166
- 15.1.2 Pod ·········· 167
- 15.1.3 Node ·········· 168
- 15.1.4 Namespace ·········· 168

15.1.5 Service ·· 168
15.1.6 Label ·· 169
15.2 Kubernetes 架构设计简介 ·· 169
15.3 Kubernetes 使用示例 ··· 171
15.3.1 启用 Kubernetes ·· 171
15.3.2 使用 Kubernetes ·· 172
15.3.3 创建 MySQL ·· 173
15.3.4 使用命名空间部署 MySQL ··· 176

第 1 章

容器技术的发展

近年来，随着计算机硬件、网络以及云计算等技术的迅速发展，云原生的概念也越来越受到业界人士的广泛关注，越来越多的应用场景开始拥抱云原生，其中容器技术的发展起着至关重要的作用。本章将介绍容器技术的基础知识，为后续章节的学习做好铺垫。

本章主要涉及的知识点有：

- 容器技术与虚拟技术的区别。
- 容器技术解决的问题。
- 容器技术的发展历程。
- 容器技术的优点和缺点。
- 容器技术的工作原理。

1.1 什么是容器

容器作为一种先进的虚拟化技术，已然成为云原生时代软件开发和运维的标准基础设施。在了解容器技术之前，我们先来了解一下虚拟化技术。

什么是虚拟化技术？

计算机历史上首个虚拟化技术实现于 1961 年，IBM709 计算机首次将 CPU 占用切分为多个极短（1/100sec）的时间片，每一个时间片都用来执行不同的任务。通过对这些时间片的轮询，就可以将一个 CPU 虚拟化或者伪装成为多个 CPU，并且让每一个虚拟 CPU 看起来都是在同时运行的。这就是虚拟机（Virtual Machine，VM）的雏形。

计算机系统对于大部分软件开发者来说可以分为如图 1-1 所示的层级结构，自底向上分为硬件层、操作系统层、函数库层、应用程序层，每一层都向上层提供接口，同时每一层只需要知道下一层的接口即可调用底层功能来实现上层操作，而不需要详细了解下一层的具体运作机制。

图 1-1　计算机层级结构示意

简单地说，所谓虚拟化是将计算机的各种硬件资源（例如 CPU、内存、磁盘以及网络等）都看作一种资源池，系统管理员可以将这些资源池进行重新分配，提供给其他的虚拟计算机使用。对于管理员来说，底层物理硬件完全是透明的，即完全不用考虑不同的物理架构，在需要各种硬件资源的时候，只要从这个资源池中划出一部分即可。

虚拟化使用逻辑来表示资源，从而摆脱物理限制的约束，提高物理资源的利用率。虚拟化就是在上下两层之间创造出一个新的抽象层，使得上层软件可以直接运行在新的虚拟环境上。简单来说，虚拟化就是通过模仿下层原有的功能模块来创造接口，服务于上层，从而达到跨平台开发的目的。如图 1-2 所示，虚拟机可以理解为存在于硬件层和操作系统层间的虚拟化技术（硬件抽象层），JVM 是存在于函数库层和应用程序层之间的虚拟化技术。

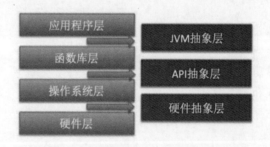

图 1-2　计算机层级间的抽象

从上面的描述可以得知，虚拟化技术给计算机行业带来了两个巨大的改变，其一就是解决了当前高性能的计算机硬件的产能过剩的问题，其二是可以把老旧的计算机硬件重新组合起来，作为一个整体的资源来重新使用。

此前，市场上面主流的运行在 Linux 平台上面的虚拟化产品有 KVM、Xen、VMWare 以及 VirtualBox 等，运行在 Windows 平台上面的虚拟化产品主要有 Hyper V、VMWare 以及 VirtualBox 等。对于这些产品来说，其支持的宿主操作系统是非常广泛的，包括 Linux、OpenBSD、FreeBSD 以及各种 Windows 等。

在传统的虚拟化技术中，虚拟化系统会虚拟出一套完整的硬件基础设施，包括 CPU、内存、显卡、磁盘以及主板等。因此，所有的虚拟机之间是相互隔离的，每个虚拟机都不会受到其他虚拟机的影响，如同多台物理计算机一样。

尽管传统的虚拟化技术通过虚拟出一套完整的计算机硬件实现了各个虚拟机之间的完全隔离，从而给用户带来了极大的灵活性，并降低了硬件成本，但是越来越多的用户发现，这种技术方案实际上同时也给自己制造了许多麻烦。例如，在这种环境中，每个虚拟机实例都需要运行客户端操作系统的完整副本以及其中包含的大量应用程序。从实际运行的角度来说，由此产生的沉重负载将会影响虚拟机工作效率及性能表现。

容器技术的出现为虚拟化技术带来了新的生机和革命性的变化，它既拥有虚拟化技术的灵活性，又避免了传统的虚拟化技术的上述缺点。

所谓容器，是一种轻量级的操作系统级虚拟化，可以让用户在一个资源隔离的进程中运行应用及其依赖项。运行应用程序所必需的组件都将打包成一个镜像并可以复用。执行镜像时，它运行在一个隔离环境中，并且不会共享宿主机的内存、CPU 以及磁盘，这就保证了容器内的进程不能监控容器外的任何进程。图 1-3 显示了容器的基本架构。

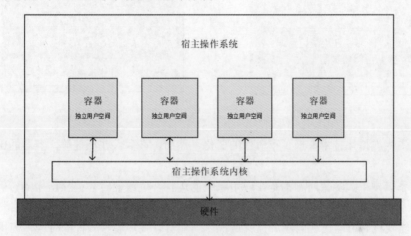

图 1-3　容器架构

容器的功能其实和虚拟机类似，无论容器还是虚拟机，其实都是在计算机不同的层面进行虚拟化，即使用逻辑来表示资源，从而摆脱物理限制的约束，提高物理资源的利用率。容器技术已经引起了业内的广泛关注，通过应用容器技术，可以大大提升应用开发、测试和部署的工作效率。

1.2　为什么需要容器

虚拟化技术已经成为一种被大家广泛认可的服务器硬件资源共享方式。实际上，与传统的虚拟机相比，容器有着明显的区别。

虚拟机管理系统通常需要为虚拟机虚拟出一套完整的硬件环境，此外，在虚拟机中，通常包含整个操作系统及其应用程序。从这些特点来看，虚拟机与真实的物理计算机非常相似。因为虚拟机包含完整的操作系统，所以虚拟机所占磁盘容量一般都比较大，一般为几吉字节。如果安装的软件比较多，则可以占用几十，甚至上百吉字节的磁盘空间。虚拟机的启动相对也比较慢，一般为数分钟。

容器作为一种轻量级的虚拟化方案，所占磁盘空间一般为几兆字节。在性能方面，与虚拟机相比，容器表现得更加出色，并且它的启动速度非常快，一般为几秒。

图 1-4 和图 1-5 显示了虚拟机和容器之间的区别。从图 1-4 中可以看出，客户端和宿主机之间

有个虚拟机管理器来管理虚拟机,每个虚拟机都有操作系统,应用程序运行在客户机操作系统中。从图 1-5 中可以看出,宿主机和容器之间为容器引擎,容器并不包含操作系统,应用程序运行在容器中。

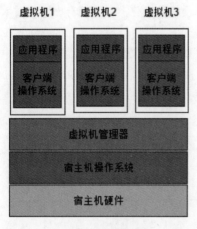

图 1-4　虚拟机

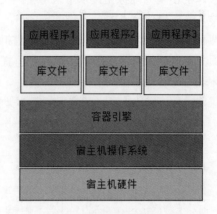

图 1-5　容器

容器的产生为虚拟化技术带来了革命性的变化,然而,许多人并不理解,容器的出现到底解决了什么问题?

在虚拟化系统中,大多数问题都是在应用系统的运行环境改变时才突显出来的。例如,开发者在 Windows 操作系统里面编写应用代码,但是实际生产环境却是 Linux 系统。在这种情况下,应用系统的某些功能就极有可能出现问题。也就是说,当配套软件环境不一样的时候,应用系统出现故障的概率就会大大增加。

Docker 创始人 Solomon Hykes 曾经说道:"如果测试环境使用 Python 2.7,但是生产环境使用 Python 3,那么一些奇怪的使用就会发生。或者你依赖某个特定版本的 SSL 库,但是却安装了另外一个版本;或者在 Debian 上面运行测试环境,但是生产环境使用 Red Hat,那么任何奇怪的事情都可能发生。"

除了运行环境之外,发生改变的还有可能是网络或者其他方面。例如,测试环境和生产环境的网络拓扑可能不同,安全策略和存储也有可能不同。用户开发的应用系统需要在这些基础设施上面运行。

当用户将应用系统部署在容器中之后,它们的迁移变得非常容易。容器的初衷也就是将各种应用程序和它们所依赖的运行环境打包成标准的镜像文件,进而发布到不同的平台上运行。这一点与现实生活中货物的运行非常相似。为了解决各种型号、规格、尺寸的货物在各种运输工具上进行运输的问题,我们发明了集装箱。把货物放进集装箱之后,物流公司只负责集装箱的运输就可以了,而不用再去关心集装箱里面的货物到底该如何包装,以及提供多大规格的包装箱,他们面对的就是一个个简单的集装箱。而应用容器之后,部署人员面对的不再是具体的应用系统,不用再关心如何为应用系统准备运行环境及其依赖的其他组件,他们面对的就是一个个镜像,只要把镜像部署好就可以了。

从上面的描述可以得知,容器主要的特性之一就是进程隔离,容器非常适合在当前的云环境快速迁移和部署应用系统。

1.3 容器技术的发展历程

在大致理解了虚拟化技术之后,接下来我们可以了解一下容器的发展历程。虽然容器概念是在 Docker 出现以后才开始在全球范围内火起来的,但在 Docker 之前,就已经有人在探索这一极具前瞻性的虚拟化技术。

先来看看容器技术发展的历史:

- 1979 年,Unix v7 系统支持 chroot,为应用构建一个独立的虚拟文件系统视图。
- 1999 年,FreeBSD 4.0 支持 jail,是第一个商用化的 OS 虚拟化技术。
- 2004 年,Solaris 10 支持 Solaris Zone,是第二个商用化的 OS 虚拟化技术。
- 2005 年,OpenVZ 发布,是非常重要的 Linux OS 虚拟化技术先行者。
- 2004—2007 年,Google 内部大规模使用 Cgroups 等 OS 虚拟化技术。
- 2006 年,Google 开源内部使用的 process container 技术,后续更名为 Cgroups。
- 2008 年,Cgroups 进入了 Linux 内核主线。
- 2008 年,LXC(Linux Container)项目具备了 Linux 容器的雏形。
- 2011 年,CloudFoundry 开发 Warden 系统,它是一个完整的容器管理系统雏形。
- 2013 年,Google 通过 Let Me Contain That For You(LMCTFY)开源内部容器系统。
- 2013 年,Docker 项目正式发布,让 Linux 容器技术越来越为人所知。
- 2014 年,Kubernetes 项目正式发布,容器技术开始和编排系统齐头并进、共同发展。
- 2015 年,由 Google、Red Hat、Microsoft 及一些大型云厂商共同创立了 CNCF,逐渐掀起了云原生浪潮。
- 2016—2017 年,容器生态开始模块化、规范化。CNCF 接受 Containerd、rkt 项目,OCI 发布 1.0,CRI/CNI 得到广泛支持。
- 2017—2018 年,容器服务商业化。AWS ECS、Google EKS、Alibaba ACK/ASK/ECI、华为 CCI、Oracle Container Engine for Kubernetes、VMware、Red Hat 和 Rancher 等开始提供基于 Kubernetes 的商业服务产品。
- 2017—2019 年,容器引擎技术飞速发展。2017 年 12 月 Kata Containers 社区成立,2018 年 5 月 Google 开源 gVisor 代码,2018 年 11 月 AWS 开源 firecracker,同时,阿里云发布安全沙箱 1.0。
- 2020—2022 年,容器引擎技术升级,Kata Containers 开始 2.0 架构,阿里云发布沙箱容器 2.0。

容器技术 40 多年的发展历史,大致可以分为技术萌芽期、技术繁荣期、商用试点期、商用演进期这四个发展阶段。

- **技术萌芽期**:这个阶段重点解决的问题是运行时的环境隔离。容器的运行时环境隔离的目标是给容器构造一个无差别的运行时环境,用以在任意时间、任意位置运行容器镜像。容器需要运行时隔离技术来保证容器的运行环境符合预期,保证资源供给。由此演化出来的进程隔离、操作系统虚拟化、硬件虚拟化、硬件分区、语言运行时隔离等技术都是这个阶段的产物。

- 技术繁荣期：2013 年 Docker 诞生，之后通过容器镜像，不仅解决了软件开发层面的容器化问题，还一并解决了软件分发环节的问题，为"云"时代的软件生命周期流程提供了一套完整的解决方案。Docker 项目还采用了 Git 的思路，在容器镜像的制作上引入了"层"的概念。基于不同的"层"，容器可以加入不同的信息，使它可以进行版本管理、复制、分享、修改，就像管理普通的代码一样。通过制作 Docker 镜像，开发者可以通过 Docker Hub 这样的镜像托管仓库直接分发软件。这一阶段促进了容器引擎、容器编排等技术的发展及标准化的过程。
- 商用试水期：2017 年开始，容器技术基本成熟，云原生体系也具雏形。从 2017 年开始，各大云厂商开始试水容器服务及进一步的云原生服务。从目前的商业形态看，容器相关的公共云服务大致可以划分为通用容器编排服务、Kubernetes 容器编排服务、Serverless 容器实例服务等三种形态。
- 商用演进期：2019 年之后，容器服务的商业形态以及市场趋势明显，行业整体进入了商业拓展阶段，对外宣传吸引更多的客户群体，对内苦练内功提升产品技术竞争力，行业正在经历从"有"到"优"的技术升级。

1.4 容器的优缺点

为了更深入地了解容器技术的优劣，本节将介绍容器的优缺点。

1.4.1 容器的优点

容器是在传统的虚拟化基础上发展起来的，因此，容器必然会吸收传统的虚拟化技术的优点，并克服传统的虚拟化技术的缺点，所以说容器的优点是非常明显的。下面对容器的优点进行介绍。概括地说，容器具有以下优点：

1. 敏捷度高

容器技术最大的优点就是创建容器实例的速度比创建虚拟机要快得多。主要原因在于创建虚拟机的时候，用户首先需要为虚拟机安装操作系统，这要花费大量的时间，然后根据应用系统的需求配置软件环境，最后部署应用系统。而容器轻量级的脚本无论是性能还是大小方面都可以减少开销。此外，部署一个容器化的应用系统，可以按分钟，甚至按秒来计算。

2. 提高生产力

每个容器化的应用都是相对独立的个体，与其他的容器几乎不存在依赖关系，也几乎不会与其他的应用发生冲突。容器通过移除跨服务依赖和冲突提高了开发者的生产力。每个容器都可以看作一个不同的微服务，因此可以独立升级，而不用担心与其他服务的同步问题。

3. 版本控制

容器技术吸收了许多其他技术的优点。其中，比较有特色的是它引进了程序开发中的版本控制机制。每个容器的镜像都有版本控制，这样用户就可以跟踪不同版本的容器，监控版本之间的差异。

4. 运行环境可移植

容器封装了所有运行应用程序所必需的相关的细节，例如应用依赖以及操作系统。这就使得镜像从一个环境移植到另外一个环境更加灵活。比如，同一个镜像可以在 Windows 或 Linux 中开发、测试和运行。

5. 标准化

大多数容器基于开放标准，可以运行在所有主流的 Linux 发行版以及 Windows 等平台上。

6. 安全

容器之间的进程是相互隔离的，其中的基础设施亦是如此。这样其中一个容器的升级或者变化不会影响其他容器。

1.4.2 容器的缺点

任何一种技术都不是完美的，容器也是如此。容器本身也有一定的缺点，下面进行简单介绍。

1. 复杂性增加

随着容器及应用数量的增加，复杂性也在不断增加。在生产环境中，管理如此之多的容器是一个极具挑战性的任务。管理员可以借助 Kubernetes 和 Mesos 等工具来管理具有一定数量规模的容器。

2. 原生 Linux 支持

大多数容器技术，例如 Docker，是基于 Linux 容器（LXC）技术的，相比于在原生 Linux 中运行容器或者在 Windows 环境中运行容器略显笨拙，并且日常使用也会带来复杂性。

3. 不成熟

容器技术在市场上是相对较新的技术，需要时间来适应市场。开发者可用的资源是有限的，如果某个开发者陷入某个问题，可能需要花些时间才能解决。

注意：尽管容器本身有一定的缺点，但是并不影响它在云计算中的广泛应用。

1.5 Docker 容器是如何工作的

Docker 容器和传统虚拟机（Virtual Machine，VM）在技术实现上有所不同。图 1-6 显示的是 VM 与 Docker 容器的逻辑组成。

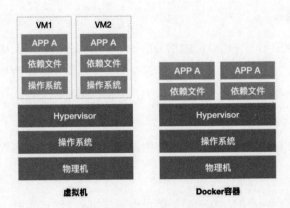

图 1-6 Docker 与 VM 的逻辑组成

- VM：使用 Hypervisor 提供虚拟机的运行平台，管理每个 VM 中操作系统的运行。每个 VM 都要有自己的操作系统、应用程序和必要的依赖文件等。
- Docker 容器：使用 Docker 引擎进行调度和隔离，提高了资源利用率，在相同硬件能力下可以运行更多的容器实例；每个容器拥有自己的隔离化用户空间。

相较于 VM，Docker 容器作为一种轻量级的虚拟化方式，在应用方面具有以下显著的优势：

1. 更高效地利用系统资源

由于容器不需要进行硬件虚拟以及运行完整操作系统等额外开销，因此 Docker 容器对系统资源的利用率更高，无论是应用执行速度、内存损耗还是文件存储速度，都要比传统虚拟机技术更高效。因此，相比虚拟机技术，一个相同配置的主机往往可以运行更多数量的应用。Docker 容器对系统资源的要求较低，数千个 Docker 容器可同时运行在同一个主机上。

2. 更快速的启动时间

传统的虚拟机技术启动应用服务往往需要数分钟，而 Docker 容器直接运行于宿主机内核，无须启动完整的操作系统，因此可以做到秒级，甚至毫秒级的启动时间，大大地节约了开发、测试、部署的时间，相较传统的虚拟机来说效率提升显著。

3. 一致的运行环境

开发过程中一个常见的问题是环境一致性。由于开发环境、测试环境、生产环境不一致，导致有些 bug 在开发过程中没有被发现。而 Docker 的镜像提供了除内核外完整的运行时环境，确保了应用运行环境的一致性。

4. 持续交付和部署

Docker 容器通过 Dockerfile 配置文件实现自动化创建和灵活部署，提高了工作效率。对开发和运维（DevOps）人员来说，最希望的就是一次创建或配置可以在任意地方正常运行。使用 Docker 可以通过定制应用镜像来实现持续集成、持续交付、部署。开发人员可以通过 Dockerfile 来进行镜像构建，并结合持续集成（Continuous Integration）系统进行集成测试，而运维人员则可以直接在生产环境中快速部署该镜像，甚至结合持续部署（Continuous Delivery/Deployment）系统进行自动化部署。

使用Dockerfile使镜像构建透明化，不仅能帮助开发团队理解应用运行环境，而且也方便运维团队理解应用运行所需的条件，更好地在生产环境中部署该镜像。

5. 更轻松的迁移

Docker确保了执行环境的一致性，使得应用的迁移更加容易。Docker可以在很多平台上运行，无论是物理机、虚拟机、公有云、私有云，还是笔记本电脑，运行结果都是一致的。因此用户可以很轻易地将一个平台上运行的应用迁移到另一个平台上，而不用担心出现运行环境的变化导致应用无法正常运行的情况。

6. 更轻松的维护和扩展

Docker使用的分层存储以及镜像技术，使得应用重复部分的复用更加容易，也使得应用的维护更新更加方便，基于基础镜像进一步扩展镜像也变得非常简单。此外，Docker团队同各个开源项目团队一起维护了一大批高质量的官方镜像，既可以直接在生产环境使用，又可以作为基础进一步定制，大大降低了应用服务的镜像制作成本。

通过表1-1可直观了解Docker容器与传统VM的区别。

表1-1 Docker容器与传统VM的对比

对比内容	Docker容器	VM
隔离性	较弱的隔离	强隔离
启动速度	秒级	分钟级
镜像大小	最小几兆字节	几百兆字节到几吉字节
运行性能	损耗小于2%	损耗15%左右
镜像可移植性	平台无关	平台相关
密度	单机上支持100到1000个	单机上支持10到100个
安全性	权限提升：容器内用户可具备宿主机root权限 硬件不隔离：容器容易受到攻击	权限分离：虚拟机租户root权限和主机root权限分离 硬件隔离：防止虚拟机彼此交互

Docker容器的运行逻辑如图1-7所示，Docker使用客户端/服务器（C/S）架构模式，Docker守护进程（Docker Daemon）作为服务器端接收Docker客户端的请求，并负责创建、运行和分发Docker容器。Docker守护进程一般在Docker主机后台运行，用户使用Docker客户端直接跟Docker守护进程进行信息交互。

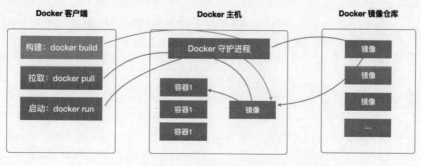

图1-7 Docker体系结构

因此，Docker 体系结构重点由以下部分组成：

（1）Docker 客户端：用于与 Docker 守护进程建立通信的客户端。Docker 客户端只需要向 Docker 服务器或者守护进程发出请求指令（Docker 构建、Docker 拉取和 Docker 启动等指令），服务器或者守护进程将完成所有工作并返回结果。

如橙色（颜色参见配套资源中给出的彩图文件）流程所示，执行 docker build（构建）指令会根据 Docker 文件构建一个镜像存放于本地 Docker 主机。

如绿色流程所示，执行 docker pull（拉取）指令会从云端镜像仓库拉取镜像至本地 Docker 主机，或将本地镜像推送至远端镜像仓库。

如蓝色流程所示，执行 docker run（启动）指令会将镜像安装至容器并启动容器。

（2）Docker 主机：一个物理或者虚拟的机器，用于执行 Docker 守护进程和容器。

（3）Docker 守护进程：接收并处理 Docker 客户端发送的请求，监测 Docker API 的请求和管理 Docker 对象，比如镜像、容器、网络和数据卷。

整体来看，Docker 容器具有以下三大特点：

- 轻量化：一台主机上运行的多个 Docker 容器可以共享主机操作系统内核；启动迅速，只需占用很少的计算和内存资源。
- 标准开放：Docker 容器基于开放式标准，能够在所有主流 Linux 版本、Microsoft Windows 以及包括 VM、裸机服务器和云在内的任何基础设施上运行。
- 安全可靠：Docker 赋予应用的隔离性不仅限于彼此隔离，还独立于底层的基础设施。Docker 默认提供最强的隔离，因此应用出现问题也只是单个容器的问题，而不会波及整台主机。

第 2 章

Docker 简介

Docker 是一个开源的应用容器引擎，基于 Go 语言，并遵从 Apache 2.0 开源协议。Docker 可以让开发者打包他们的应用以及依赖包到一个轻量级、可移植的容器中，然后发布到任何流行的 Linux 机器上，以实现虚拟化。

本章主要涉及的知识点有：

- Docker 的含义。
- Docker 的由来与发展历程。
- Docker 的架构与组成。
- 容器生态系统。
- 为什么使用 Docker。

2.1 什么是 Docker

简单地讲，Docker 就是一个应用容器引擎，通过 Docker，管理员可以非常方便地对容器进行管理。Docker 基于 Go 语言开发，并且遵从 Apache 2.0 开源协议。

Docker 提供了对容器镜像的打包和封装功能。利用 Docker，开发者可以将他们开发的应用系统以及依赖打包起来，放到一个轻量级的、可移植的容器中，然后发布到任何的 Linux 或者 Windows 上面。这样的话，Docker 就统一了整个开发、测试和部署的环境和流程，极大地减少了运维成本。

Docker 完全使用沙箱机制，容器之间不会有任何的接口。

注意：沙箱是一种按照安全策略限制程序行为的执行环境。早期主要用于测试可疑软件等，比如黑客们为了测试某种病毒或者不安全产品，往往将它们放在沙箱环境中运行，这样的话不会对系统产生危害。

例如，某个开发者使用 Spring 框架开发了一套网店系统。为了便于部署，该开发者可以将应用程序及其依赖的 JAR 文件、JDK、Tomcat 应用服务器以及 MySQL 数据库服务器等所有的相关组件打包到一个容器里面，并通过 Docker 提供的工具进行镜像文件的封装，以便于迁移和部署。

前面已经介绍过，Docker 是一个开源的应用容器引擎。对于不太熟悉云计算技术的初学者来说，这个说法难免非常抽象、难以理解。为了使初学者更好地掌握 Docker 的本质，下面通过简单的类比来对 Docker 的本质特征进行介绍。

对于一个开发者来说，Java、C++以及 Git 等应该是非常熟悉的概念了。Java 之前的开发语言，例如 C 或者 C++等都是严重依赖于平台的。同样的代码，在不同的平台下，需要重新编译才可以运行。为了解决这个问题，Java 语言诞生了。Java 语言号称"编译一次，到处运行"。这个与平台无关的特性的实现依赖于 Java 虚拟机，即 Java 代码需要在 Java 虚拟机中执行。Java 虚拟机屏蔽了与平台有关的具体细节，开发人员只要将 Java 代码编译成可以在 Java 虚拟机中执行的目标代码就可以了。与平台有关的具体细节交给 Java 虚拟机去处理，开发人员完全不用关心这个问题。

此外，开发人员在开发应用程序的时候，总会存在着版本迭代的问题。为了管理不同的版本，人们开发出了 Git。通过 Git，开发人员可以任意地在不同的版本之间切换，同时也解决了协同开发人员之间的代码冲突问题。

与上面介绍的程序开发类似，管理人员在部署应用系统的时候，会存在组件之间的依赖问题，而系统所依赖的其他组件必然存在着与具体的平台兼容的问题。例如，Java 应用系统运行的 Java 虚拟机和 Tomcat，或者应用系统所使用的 MySQL 数据库，需要针对不同的平台来安装不同的版本。管理人员每次迁移系统都需要逐一处理这些依赖组件。

Docker 提供了类似于 Java 虚拟机的功能。相对于应用系统而言，Docker 屏蔽了与平台相关的具体细节。Docker 像一个集装箱，把应用系统及其依赖组件包装起来。管理人员在迁移系统时，只要把这个"集装箱"搬过去就可以了，而不必处理"集装箱"里面的具体细节。

当然，Docker 这个功能特性的实现在于开发人员为不同的平台提供了相对应的镜像文件。镜像文件中包含了容器的内容，即应用系统及其依赖组件。既然是文件，必然也存在着版本的问题，Docker 同样提供了基于 Git 的版本控制机制。

2.2 Docker 的由来与发展历程

2010 年，几个大胡子年轻人在美国旧金山成立了一家做 PaaS（Platform-as-a-Service，平台即服务）平台的公司，并且起名为 dotCloud。虽然 dotCloud 公司曾经获得过一些融资，但随着大厂商，包括微软、谷歌以及亚马逊等杀入云计算领域，dotCloud 公司举步维艰。

幸运的是，上帝每关上一扇门，就会打开一扇窗。2013 年年初，dotCloud 公司的工程师们决定将他们的核心技术 Docker 开源，这项技术能够将 Linux 容器中的应用代码打包，轻松地在服务器之间迁移。

令所有人意想不到的是，开源之后 Docker 技术风靡全球。于是，dotCloud 公司决定改名为 Docker，全身心投入 Docker 的开发中。2014 年 8 月，Docker 公司宣布把 PaaS 业务 dotCloud 出售给位于德国柏林的 PaaS 服务提供商 cloudControl，自此，dotCloud 和 Docker 分道扬镳。

目前，所有的云计算大公司，例如谷歌、亚马逊以及微软等都支持 Docker 技术。2014 年 10 月，微软宣布与 Docker 的合作关系，在其云计算操作系统 Azure 中支持 Docker。2014 年 11 月，谷歌发布支持 Docker 的产品 Google Container Engine。几乎同时，亚马逊也发布了支持 Docker 的产品 AWS Container Service。

随着 Docker 技术的迅速普及，Docker 公司也在不断完善 Docker 生态圈，这使得 Docker 逐渐成为轻量级虚拟化的代名词，成为云应用部署的事实上的标准。

注意：2016 年 2 月，受各大公司的挤压，dotCloud 的母公司——cloudControl 宣告破产。

2.3 Docker 的架构与组成

Docker 是一个典型的客户端/服务器架构。了解和掌握 Docker 的架构对于初学者来说非常重要。只有从整体上对 Docker 有所了解，理解 Docker 各个组件的功能及其相互之间的关系，才能熟练运用 Docker，并在出现故障时知道如何去解决。本节将对 Docker 的架构以及各组件进行介绍。

2.3.1 Docker 的架构

Docker 采用 C/S 架构，即客户端/服务器架构。管理员通过 Docker 客户端与 Docker 服务器进行交互。Docker 服务器端负责构建、运行和分发 Docker 镜像。用户可以把 Docker 的客户端和服务器部署在同一台机器上面，也可以分别部署在不同的机器上面，两者之间通过各种接口进行通信。

Docker 的典型体系架构如图 2-1 所示。

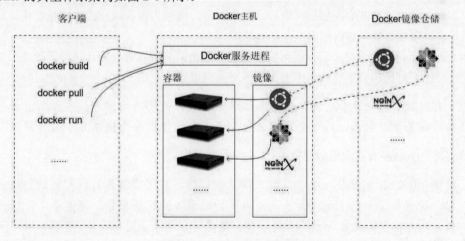

图 2-1　Docker 体系架构

下面对 Docker 的组成部分进行介绍。

1. 镜像

镜像是 Docker 中非常重要的一个概念。简单地讲，镜像就是容器的模板。对于普通用户来说，镜像文件通常都是只读的。

镜像的内容可以是多种多样的。例如，某个镜像可以包含一个完整的操作系统，里面安装了Apache HTTP 服务器或者其他的应用程序，当然这种情况比较少见。为了节约硬件成本，某个镜像也可以只包含某个应用程序及其依赖组件，这是大多数镜像文件的内容。

镜像的作用是用来创建容器。镜像和容器之间的关系就是模板和具体实例的关系，用户可以使用一个镜像创建多个容器。

Docker 对镜像提供了完善的管理功能，用户可以非常方便地创建镜像或者更新现有的镜像，甚至可以从其他人那里下载一个已经做好的镜像来直接使用。关于镜像的管理，将在后面详细介绍。

2. 容器

如果说镜像是 Docker 中的静态部分，那么容器则是 Docker 中的动态部分。从本质上讲，容器是独立运行的一个或者一组应用，是从镜像创建的运行实例。

Docker 利用容器来运行应用程序，实现各种服务。容器可以被启动、停止或者删除。各个容器之间是相互隔离的，每一个 Docker 容器都是独立和安全的应用平台。用户可以把容器看作一个简易版的 Linux 环境，包括 root 用户权限、进程空间、用户空间、网络空间以及运行在其中的应用程序。

注意：镜像相当于构建和打包阶段，容器相当于启动和执行阶段。容器的定义和镜像几乎一模一样，唯一区别在于容器的内容是可读可写的。

3. 仓库

仓库（repository）也是 Docker 中非常有特色的部分。仓库是集中存放镜像文件的地方。Docker 的仓库吸收了 Git 的优点，提供了镜像文件的版本控制功能。

仓库分为公共仓库和私有仓库两种形式。最大的公共仓库是 Docker Hub，存放了数量庞大的镜像供用户下载。国内的公共仓库包括时速云、网易云等，可以为国内用户提供更稳定快速的访问。当然，用户也可以在本地网络内创建一个私有仓库。

当用户创建了自己的镜像之后，就可以将它上传到公共或者私有仓库，这样下次在另外一台机器上使用这个镜像时候，只需要从仓库上下载下来就可以了。

注意：有时候会把仓库和仓库注册服务器混为一谈，并不严格区分。实际上，仓库注册服务器上往往存放着多个仓库，每个仓库中又包含了多个镜像，每个镜像有不同的标签。

简单来说，Docker 有三大组成要素：

- 镜像：Docker 镜像是一个特殊的文件系统，除了提供容器运行时所需的程序、库、资源、配置等文件外，还包含了一些为运行时准备的配置参数。镜像不包含任何动态数据，其内容在构建之后也不会被改变。镜像可以用来创建 Docker 容器，用户可以使用设备上已有的镜像来安装多个相同的 Docker 容器。
- 容器：镜像创建的运行实例，Docker 利用容器来运行应用。每个容器都是相互隔离的、保证安全的平台。可以把容器看作一个轻量级的 Linux 运行环境。
- 镜像仓库：集中存放镜像文件的地方。用户创建完镜像后，可以将它上传到公共仓库或者私有仓库，需要在另一台主机上使用该镜像时，只需从仓库上下载即可。

2.3.2 Docker 中应用系统的存在形式

在 Docker 中，应用系统以两种形式存在，分别为镜像和容器。

镜像实际上是应用系统静态的存在形式。镜像文件中包含了应用系统的程序执行代码本身，也包含了应用系统所依赖的其他组件。用户可以通过镜像实现应用系统的分发。在创建容器的时候，只要把相应的镜像文件下载下来就可以使用了。

容器是应用系统动态的存在形式，这是因为容器是应用系统运行时的状态。也就是说，Docker 是通过容器来提供服务的，绝大部分的计算任务都在容器上面执行。

2.4 Docker 容器生态系统

自从 Docker 将容器技术发扬光大之、广泛普及之后，一谈到容器，大家都会想到 Docker。Docker 几乎是容器的代名词，对于 Docker 来说，完善的生态系统才是保障 Docker 以及容器技术能够真正健康发展的决定因素。一般来说，容器生态系统包含核心技术、平台技术和支持技术。本节将分别介绍这些内容。

2.4.1 容器核心技术

容器核心技术是指能够让容器在主机上运行起来的那些技术。这些技术包括容器规范、容器 runtime、容器管理工具、容器定义工具、Registry 以及容器 OS，下面分别进行介绍。

1. 容器规范

容器不仅有 Docker，还有如 CoreOS 的 rkt 等其他容器。为了保证容器生态的健康发展，保证不同容器之间能够兼容，包括 Docker、CoreOS、Google 等在内的若干公司共同成立了 Open Container Initiative（OCI）的组织，其目的是制定开放的容器规范。OCI 已发布了两个规范：runtime spec 和 image format spec。有了这两个规范，不同组织和厂商开发的容器能够在不同的 runtime 上运行，保证了容器的可移植性和互操作性。

2. 容器 runtime

runtime 是容器真正运行的地方。runtime 需要跟操作系统 kernel 紧密协作，为容器提供运行环境。runtime 与容器的关系类比于 JVM 与 Java，可以这样来理解：Java 程序相当于容器，JVM 则相当于是 runtime。JVM 为 Java 程序提供运行环境，类似地，容器只有在 runtime 中才能运行，runtime 为容器提供运行环境。lxc、runc 和 rkt 是目前主流的三种容器 runtime：

- lxc 是 Linux 上的容器 runtime，Docker 最初也是用 lxc 作为 runtime。
- runc 是 Docker 研发的容器 runtime，符合 OCI 规范，也是现在 Docker 的默认 runtime。
- rkt 是 CoreOS 研发的容器 runtime，符合 OCI 规范，因而能够运行 Docker 的容器。

3. 容器管理工具

除了 runtime 能为容器提供运行环境之外，用户还需要有工具来管理容器。容器管理工具对内与 runtime 交互，对外为用户提供接口，如 CLI 等。类比于 JVM，还需提供 Java 命令让用户能够启动或停止应用。三种主流容器 runtime 对应的管理工具如下：

- lxd：lxc 对应的管理工具。
- Docker Engine：runc 的管理工具。Docker Engine 包含后台 deamon 和 cli 两个部分。我们通常提到的 Docker，一般就是指的 Docker Engine。
- rkt cli：rkt 的管理工具。

4. 容器定义工具

容器定义工具允许用户定义容器的内容和属性，可用于保存、共享和重建容器。Docker image 是 Docker 容器的模板，runtime 依据 Docker image 创建容器。Dockerfile 是包含若干命令的文本文件，可以通过这些命令创建 Docker image。ACI（App Container Image）与 Docker image 类似，只不过它是由 CoreOS 开发的 rkt 容器的镜像格式。

5. Registry 仓库

容器是通过镜像创建的，需要有一个仓库来统一存放镜像，这个仓库称为 Registry。企业可以使用 Docker Registry 构建私有的 Registry。Docker Hub 是 Docker 为公众提供的托管 Registry，包括诸多现成的镜像，为 Docker 用户带来了极大的便利。

6. 容器 OS

容器 OS 是专门运行容器的操作系统。虽然通过容器 runtime，几乎所有的 Linux、Mac OS 和 Windows 都可以运行容器，但是这也并没有妨碍容器 OS 的出现。与常规 OS 相比，容器 OS 通常体积更小，启动更快。因为是为容器定制的 OS，所以通常它们运行容器的效率会更高。目前已经存在不少容器 OS，CoreOS、Atomic 和 Ubuntu Core 是其中的杰出代表。

2.4.2 容器平台技术

容器核心技术使得容器能够在单个主机上运行，而容器平台技术能够让容器作为集群在分布式环境中运行。容器平台技术包括容器编排引擎、容器管理平台和基于容器的 PaaS。下面将介绍这几块内容。

1. 容器编排引擎

基于容器的应用一般会采用微服务架构。在这种架构下，应用被划分为不同的组件，并以服务的形式运行在各自的容器中，通过 API 对外提供服务。为了保证应用的高可用，每个组件都可能会运行多个相同的容器。这些容器会组成集群，集群中的容器会根据业务需要被动态地创建、迁移和销毁。

这样一个基于微服务架构的应用系统实际上是一个动态的可伸缩的系统。这对我们的部署环境提出了新的要求，我们需要有一种高效的方法来管理容器集群，这就是容器编排引擎要负责的工作。

所谓编排（orchestration），通常包括容器管理、调度、集群定义和服务发现等。通过容器编排引擎，容器被有机地组合成微服务应用，以实现业务需求。

容器的编排引擎有：

- Docker Swarm：是 Docker 开发的容器编排引擎。
- Kubernetes：是 Google 领导开发的开源容器编排引擎，同时支持 Docker 和 CoreOS 容器。
- Mesos：是一个通用的集群资源调度平台。Mesos 与 Marathon 一起提供容器编排引擎功能。

2. 容器管理平台

容器管理平台是架构在容器编排引擎之上的一个更为通用的平台。通常容器管理平台能够支持多种编排引擎，抽象了编排引擎的底层实现细节，为用户提供更方便的功能，比如 application catalog 和一键应用部署等。

Rancher 和 ContainerShip 是容器管理平台的典型代表。

3. 基于容器的 PaaS

基于容器的 PaaS 为微服务应用开发人员和公司提供了开发、部署和管理应用的平台，使用户不必关心底层基础设施而专注于应用的开发。

Deis、Flynn 和 Dokku 都是开源容器 PaaS 的代表。

2.4.3 容器支持技术

容器支持技术有：容器网络、服务发现、监控、数据管理、日志管理、安全性。

1. 容器网络

容器的出现使网络拓扑变得更加动态和复杂。用户需要专门的解决方案来管理容器与容器、容器与其他实体之间的连通性和隔离性。

docker 网络模式（将在第 9 章讲解）是 Docker 原生的网络解决方案。除此之外，我们还可以采用第三方开源解决方案，例如 flannel、weave 和 calico。不同方案的设计和实现方式不同，各有优势和特点，我们可以根据实际需要来选型。

2. 服务发现

动态变化是微服务应用的一大特点。当负载增加时，集群会自动创建新的容器；当负载减小时，多余的容器会被销毁。容器也会根据主机的资源使用情况在不同主机中迁移，容器的 IP 和端口也会随之发生变化。在这种动态的环境下，必须有一种机制能够让客户端知道如何访问容器提供的服务，这就是服务发现技术要完成的工作。

服务发现会保存容器集群中所有微服务的最新信息，比如 IP 和端口，并对外提供 API，提供服务查询功能。Etcd、Consul 和 ZooKeeper 是服务发现的典型解决方案。

3. 监控

监控对于基础架构来说非常重要，而容器的动态特征对监控提出了更多挑战。针对容器环境，已经涌现出很多监控工具和方案。

docker ps/top/stats 是 Docker 原生的命令行监控工具。除了命令行，Docker 也提供了 stats API，

用户可以通过 HTTP 请求获取容器的状态信息。Sysdig、cAdvisor/Heapster 和 Weave Scope 是其他开源的容器监控方案。

4. 数据管理

容器经常会在不同的主机之间迁移，保证持久化数据也能够动态迁移是 Flocker 这类数据管理工具提供的能力。

5. 日志管理

日志为问题排查和事件管理提供了重要的依据。docker logs 是 Docker 原生的日志工具。而 logspout 对日志提供了路由功能，它可以收集不同容器的日志并转发给其他工具进行后续处理。

6. 安全性

对于年轻的容器，安全性一直是业界争论的焦点。openSCAP 能够对容器镜像进行扫描，发现潜在的漏洞。

2.5 为什么使用 Docker

Docker 能够被广泛地应用，说明它适应了计算机技术的发展，解决了当前 IT 运维中的实际问题。实际上，Docker 的迅速发展与云计算技术是密不可分的。本节将详细介绍 Docker 的应用场景、所解决的问题以及应用成本等。

2.5.1 Docker 的应用场景

Docker 提供轻量级的虚拟化服务，每个 Docker 容器都可以运行一个独立的应用。例如，用户可以将 Java 应用服务器 Apache Tomcat 运行在一个容器中，而 MySQL 数据库服务器运行在另外一个容器中。

目前，Docker 的应用场景非常广泛，主要有以下 5 种。

1. 简化配置

这是 Docker 的初始目的。Docker 将应用程序代码、运行环境以及配置进行打包，用户在部署时，只要以该镜像为模板创建容器即可。实际上，这实现了应用环境和底层环境的解耦。

2. 便于实现开发环境和生产环境的统一

在开发应用系统的过程中，用户希望开发环境能更加接近于生产环境，因此开发人员可以让每个服务运行在单独的容器中，这样就能模拟生产环境的分布式部署。

3. 应用隔离

随着当前计算机硬件技术的发展，在一台机器上运行单个应用是非常罕见的了。也就是说，当前的服务器硬件已经足够强大，在它上面可以同时运行多个应用系统。为了使得各个应用系统之间不相互影响，需要解决各个应用系统之间的隔离问题，而 Docker 能轻松达到这个目的。

4. 云计算环境

通过 Docker，管理员可以很好地解决云计算环境中多租户的需求。管理员可以通过创建 Docker 容器，快速灵活地为租户提供服务。

5. 快速部署

通过 Docker，管理员可以快速地部署各种应用系统。一般情况下，只需要花费几分钟就可以完成部署。而通过传统的虚拟机技术来部署应用系统，则一般需要花费几个小时。

2.5.2 Docker 可以解决哪些问题

Docker 的产生解决了当前计算机运维中的许多实际问题。总的来说，主要体现在以下两个方面。

1. 简化部署过程

Docker 让开发者可以打包他们的应用以及依赖包到一个可移植的容器中，然后发布到任何流行的 Linux 机器上，即可实现虚拟化。

Docker 改变了传统的虚拟化方式，使得开发者可以直接将自己开发的应用放入 Docker 中进行管理。方便快捷已经是 Docker 的最大优势，过去需要用数天乃至数周的任务，在 Docker 容器的处理下只需要数分钟就能完成。

2. 节省开支

云计算时代到来，使开发者不必为了追求效果而配置高额的硬件，Docker 改变了高性能必然高价格的思维定势。Docker 与云计算机的结合，不仅解决了硬件管理的问题，也改变了虚拟化的方式。

2.5.3 Docker 的应用成本

Docker 的广泛应用极大地降低了 IT 设施的运维成本，具体来说，主要体现在以下 4 个方面。

（1）轻量级的虚拟化。与传统的服务器或者主机虚拟化相比，Docker 实现了更加轻量级的虚拟化。这对于应用部署来说，可以减少部署的时间成本和人力成本。

（2）标准化应用发布。Docker 容器包含了运行环境和可执行程序，可以跨平台和主机使用。

（3）节约启动时间。传统的虚拟主机的启动一般是分钟级，而 Docker 容器启动是秒级。

（4）节约存储成本。以前一个虚拟机至少需要几吉字节的磁盘空间，而 Docker 容器可以减少到兆字节级。

第 3 章

Docker 的安装与使用

随着 Docker 技术的不断完善,用户可以在多种平台上体验和使用 Docker。本章将介绍在多种平台上安装和使用 Docker 的方法,读者可以选择一个自己喜欢的平台进行本书的学习。目前 Docker 版本分为 Docker Personal、Docker Pro、Docker Team 和 Docker Business。Docker Personal 指免费提供给个人用户使用的 Docker DeskTop,本章使用这个版本对 3 个平台进行讲解。

本章主要涉及的知识点有:

- 在 Windows 中安装 Docker。
- 在 Ubuntu 中安装 Docker。
- 在 Mac OS 中安装 Docker。

3.1 在 Windows 中安装 Docker

Windows 中不含 Docker 引擎和客户端,它们需要单独安装和配置。此外,Docker 引擎可以接受多种自定义配置,例如,可以配置守护程序接收传入请求的方式、默认网络选项及调试/日志设置。在 Windows 上,这些配置可以在配置文件中指定,或者通过 Windows 服务控制管理器指定。

3.1.1 安装 WSL 2

WSL(Windows Subsystem on Linux)即适用于 Linux 的 Windows 子系统,可以在 Windows 中直接启动一个 Linux 系统。因为 Docker 依赖 Linux 内核,只能在 Linux 下使用,因此 Windows 中就需要安装 Linux 虚拟机来运行,而微软已经在 Windows 10 及以上版本中内置了一个轻量级虚拟机,WSL 2 便是运行在虚拟机上的一个完整的 Linux 内核,所以可以利用 WSL 2 安装 Docker。

需要在 Windows 系统中先启用"适用于 Linux 的 Windows 子系统"可选功能,然后才能在 Windows 上安装 Linux 分发。以管理员身份打开 PowerShell(单击"开始"→"PowerShell"菜单命令,在 PowerShell 上右击,在弹出的快捷菜单上选择"以管理员身份运行"菜单命令),然后输入以下命令:

```
dism.exe /online /enable-feature
/featurename:Microsoft-Windows-Subsystem-Linux /all /norestart
```

若要更新到 WSL 2，则需重新启动计算机，然后继续执行下一步。

若要更新到 WSL 2，则对 Windows 10 或 Windows 11 的版本有一些要求：

- 对于 x64 系统：版本为 1903 或更高版本，内部版本为 18362 或更高版本。
- 对于 ARM64 系统：版本为 2004 或更高版本，内部版本为 19041 或更高版本。

低于 18362 的版本不支持 WSL 2。可以使用 Windows Update 助手更新 Windows 版本。若要检查 Windows 版本及内部版本号，按 Windows 徽标键+R 组合键，然后键入"winver"，选择"确定"。

安装 WSL 2 之前，必须启用"虚拟机平台"可选功能。计算机需要设置虚拟化功能才能使用此功能。以管理员身份打开 PowerShell 并运行以下命令：

```
dism.exe /online /enable-feature /featurename:VirtualMachinePlatform /all /norestart
```

重新启动计算机，以完成 WSL 安装并更新到 WSL 2。

接下来，下载 Linux 内核更新包。下载适用于 x64 计算机的 WSL 2 Linux 内核最新包，下载完成后双击运行，系统将提示提供提升的权限，选择"是"以批准此安装。

如果使用的是 ARM64 计算机，则下载 ARM64 包。如果不确定自己计算机的类型，可打开命令提示符或 PowerShell，并输入以下命令：

```
systeminfo | find "System Type"
```

安装完成后，继续执行下一步。在安装新的 Linux 分发时，将 WSL 2 设置为默认版本，打开 PowerShell，然后在安装新的 Linux 发行版时运行以下命令，将 WSL 2 设置为默认版本：

```
wsl --set-default-version 2
```

最后，安装所选的 Linux 分发。打开 Microsoft Store，选择所需的 Linux 分发版，这里选择了 Ubuntu，如图 3-1 所示。

图 3-1　Microsoft Store

首次启动新安装的 Linux 分发版时，将打开一个控制台窗口，系统会要求等待一分钟或两分钟，以便文件解压缩并存储到计算机上。未来的所有启动时间应不到一秒。然后，需要为新的 Linux 分发版创建用户账户和密码。设置完成后，打开 Ubuntu 终端，如图 3-2 所示。

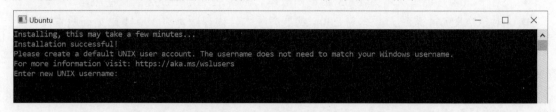

图 3-2　成功安装并设置了与 Windows 操作系统完全集成的 Linux

3.1.2　安装 Docker Desktop for Windows

Docker Desktop for Windows 为生成、交付和运行 Docker 化的应用提供了一个开发环境。通过启用基于 WSL 2 的引擎，可以在同一计算机的 Docker Desktop 中运行 Linux 和 Windows 容器。

Docker Desktop 与 Windows 和适用于 Linux 的 Windows 子系统（WSL）集成。虽然 Docker Desktop 支持同时运行 Linux 和 Windows 容器，但不能同时运行这两个容器。若要同时运行 Linux 和 Windows 容器，需要在 WSL 中安装和运行单独的 Docker 实例。如果需要同时运行容器，或者只想直接在 Linux 分发中安装容器引擎，则需要按照该容器服务的 Linux 安装说明进行操作，例如在 Ubuntu 上安装 Docker 引擎。

安装 Docker Desktop 的前提是确保计算机运行的是 Windows 10（满足内部版本的要求），安装 WSL，并为在 WSL 2 中运行的 Linux 发行版设置用户名和密码。

WSL 可以在 WSL 1 或 WSL 2 模式下运行发行版，通过打开 PowerShell 并输入以下命令进行检查：

```
wsl -l -v
```

通过输入"wsl --set-version<distro>2"命令，确保发行版设置为 WSL 2。将<distro>替换为发行版名称（例如 Ubuntu 18.04）。

在 WSL 1 中，由于 Windows 和 Linux 之间的根本差异，Docker 引擎无法直接在 WSL 内运行，因此 Docker 团队使用 Hyper-V VM 和 LinuxKit 开发了一个替代解决方案。但是，由于 WSL 2 现在可以在具有完整系统调用容量的 Linux 内核上运行，因此 Docker 可以在 WSL 2 中完全运行。这意味着 Linux 容器可以在没有模拟的情况下以本机方式运行，从而在 Windows 和 Linux 工具之间实现更好的性能和互操作性。

借助 Docker Desktop for Windows 中支持的 WSL 2 后端，可以在基于 Linux 的开发环境中工作并生成基于 Linux 的容器，同时使用 Visual Studio Code 进行代码编辑和调试，并在 Windows 上的 Microsoft Edge 浏览器中运行容器。

从 Docker 官方网站下载 Docker Desktop，如图 3-3 所示。

图 3-3　Docker Desktop for Windows

安装文件下载好后,直接双击运行安装即可。安装后,从 Windows 开始菜单启动 Docker Desktop,然后从任务栏的隐藏图标菜单中选择 Docker 图标。右击该图标以显示 Docker 命令菜单,如图 3-4 所示,然后在命令菜单上选择 Settings(设置)命令。

图 3-4　Docker Desktop 启动

在 Settings(设置)界面左侧选择 General(常规)选项,在右侧勾选 Use the WSL 2 based engine(使用基于 WSL 2 的引擎)复选框,如图 3-5 所示。

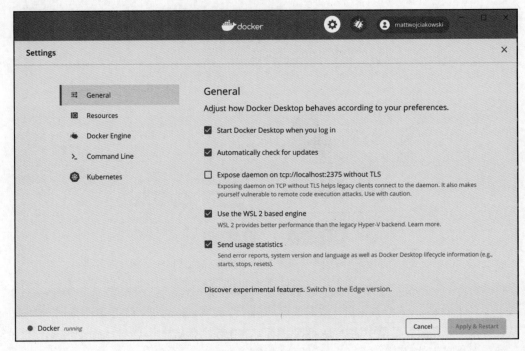

图 3-5　Docker Desktop 设置

若要确认已经启动了 Docker（参看图 3-4），可打开 Windows 终端（管理员）或者 WSL 发行版（例如 Ubuntu），并通过输入以下命令来显示 Docker 的版本和内部版本号：

```
docker --version
```

还可以通过以下命令运行简单的内置 Docker 镜像，测试安装是否正常工作：

```
docker run hello-world
```

3.2　在 Ubuntu 中安装 Docker

本节介绍如何在 Ubuntu 中安装 Docker。

3.2.1　安装 Docker

官方 Ubuntu 存储库中提供了 Docker 安装包，但它可能并不总是最新版本。为确保获得最新版本，可以直接从官方 Docker 存储库安装 Docker。为此，我们将添加一个新的资源包，从 Docker 添加 GPG 密钥以确保下载有效，然后安装该包。具体操作如下：

首先，更新现有的包列表：

```
sudo apt update
```

接下来，使用 apt 安装一些通过 HTTPS 才能使用的软件包：

```
sudo apt install apt-transport-https ca-certificates curl
software-properties-common
```

然后将官方 Docker 存储库的 GPG 密钥添加到我们的系统：

```
curl -fsSL https://download.docker.com/linux/ubuntu/gpg | sudo apt-key add -
```

将 Docker 存储库添加到 APT 源：

```
sudo add-apt-repository "deb [arch=amd64]
https://download.docker.com/linux/ubuntu bionic stable"
```

接下来，使用新添加的 repo 源中的 Docker 包更新包数据库：

```
sudo apt update
```

确保从 Docker repo 安装而不是从默认的 Ubuntu repo 安装：

```
apt-cache policy docker-ce
```

虽然 Docker 的版本号可能不同，但我们还是会看到这样的输出：

```
docker-ce:
  Installed: (none)
  Candidate: 18.03.1~ce~3-0~ubuntu
  Version table:
     18.03.1~ce~3-0~ubuntu 500
        500 https://download.docker.com/linux/ubuntu bionic/stable amd64
Packages
```

现在 docker-ce 还没有安装，使用上面这个命令我们能看到安装源来自 Docker 官方存储库。最后，安装 Docker：

```
sudo apt install docker-ce
```

现在应该安装好 Docker 了，检查它是否正在运行：

```
sudo systemctl status docker
```

输出应类似于以下内容，表明 Docker 服务处于工作状态：

```
docker.service - Docker Application Container Engine
   Loaded: loaded (/lib/systemd/system/docker.service; enabled; vendor preset:
enabled)
   Active: active (running) since Thu 2018-07-05 15:08:39 UTC; 2min 55s ago
     Docs: https://docs.docker.com
 Main PID: 10096 (dockerd)
    Tasks: 16
```

```
       CGroup: /system.slice/docker.service
           ├─10096 /usr/bin/dockerd -H fd://
           └─10113 docker-containerd --config
/var/run/docker/containerd/containerd.toml
```

Docker 不仅可以提供 Docker 服务，还可以提供 Docker 命令行工具和 Docker 客户端。

3.2.2 运行 Docker

默认情况下，docker 命令只能由 root 用户或 docker 组中的用户运行，该用户在 Docker 安装过程中自动创建。如果不使用 sudo 或不在 docker 组中的用户尝试运行 docker 命令，将看到如下输出：

```
docker: Cannot connect to the Docker daemon. Is the docker daemon running on
this host?.
See 'docker run --help'.
```

Docker 守护进程绑定的是 unix socket，而不是 TCP 端口。该套接字默认的属主是 root，其他用户可以使用 sudo 命令来访问该套接字文件。因此，Docker 服务进程都是以 root 账户的身份运行的。

为了避免每次运行 docker 命令的时候都需要输入 sudo，可以创建一个 docker 用户组，并把相应的用户添加到该分组里。当 Docker 进程启动的时候，会设置该套接字可以被 docker 这个分组的用户读写。这样只要是在 docker 组里面的用户就可以直接执行 docker 命令了。

新建用户组 docker 之前，查看用户组中有没有 docker 组：

```
sudo cat /etc/group | grep docker
```

如下所示，显示存在相应用户组：

```
sudo cat /etc/group | grep docker
docker:x:999
```

如果没有相应用户组，可以通过以下命令创建 docker 分组，并将相应的用户添加到该分组里：

```
sudo groupadd -g 999 docker
```

其中，-g 999 为组 ID，也可以不指定组 ID，将当前用户 testuser 加入 docker 用户组：

```
sudo usermod -aG dockerroot testuser
```

检查是否创建成功：

```
cat /etc/group
```

退出当前用户登录状态，然后重新登录，以便让权限生效，或者重启 docker-daemon：

```
sudo systemctl restart docker
```

确认我们可以直接运行 docker 命令，执行 docker 命令：

```
docker info
```

3.2.3　使用 docker 命令

docker 命令包括一系列选项和子命令，并使用"docker+参数"的格式，语法采用以下形式：

```
docker [option] [command] [arguments]
```

要查看所有可用的子命令，输入：

```
docker
```

docker 命令可用子命令的完整列表包括：

```
attach      Attach local standard input, output, and error streams to a running container
build       Build an image from a Dockerfile
commit      Create a new image from a container's changes
cp          Copy files/folders between a container and the local filesystem
create      Create a new container
diff        Inspect changes to files or directories on a container's filesystem
events      Get real time events from the server
exec        Run a command in a running container
export      Export a container's filesystem as a tar archive
history     Show the history of an image
images      List images
import      Import the contents from a tarball to create a filesystem image
info        Display system-wide information
inspect     Return low-level information on Docker objects
kill        Kill one or more running containers
load        Load an image from a tar archive or STDIN
login       Log in to a Docker registry
logout      Log out from a Docker registry
logs        Fetch the logs of a container
pause       Pause all processes within one or more containers
port        List port mappings or a specific mapping for the container
ps          List containers
pull        Pull an image or a repository from a registry
push        Push an image or a repository to a registry
rename      Rename a container
restart     Restart one or more containers
rm          Remove one or more containers
rmi         Remove one or more images
run         Run a command in a new container
save        Save one or more images to a tar archive (streamed to STDOUT by default)
search      Search the Docker Hub for images
```

```
start      Start one or more stopped containers
stats      Display a live stream of container(s) resource usage statistics
stop       Stop one or more running containers
tag        Create a tag TARGET_IMAGE that refers to SOURCE_IMAGE
top        Display the running processes of a container
unpause    Unpause all processes within one or more containers
update     Update configuration of one or more containers
version    Show the Docker version information
wait       Block until one or more containers stop, then print their exit codes
```

若想要查看特定命令,则可以使用 help 命令,格式如下:

```
docker docker-subcommand --help
```

例如,查看 build 子命令的使用方法:

```
docker build --help
```

查看有关 Docker 的系统信息:

```
docker info
```

3.2.4 使用 Docker 镜像

Docker 容器是从 Docker 镜像构建的,默认情况下,Docker 从 Docker Hub 中提取这些镜像。Docker Hub 是一个由 Docker 管理的 Docker 镜像市场,它由 Docker 项目所属的公司负责。任何人都可以在 Docker Hub 上托管他们的 Docker 镜像,只需要将应用程序和 Linux 放进去托管即可。

输入以下命令检查是否可以从 Docker Hub 访问和下载镜像:

```
docker run hello-world
```

若输出如下内容,则表示 Docker 正常工作:

```
Unable to find image 'hello-world:latest' locally
latest: Pulling from library/hello-world
9bb5a5d4561a: Pull complete
Digest: sha256:3e1764d0f546ceac4565547df2ac4907fe46f007ea229fd7ef2718514bcec35d
Status: Downloaded newer image for hello-world:latest

Hello from Docker!
This message shows that your installation appears to be working correctly.
...
```

Docker 最初无法在本地找到 hello-world 镜像,因此它从 Docker Hub 下载了镜像,Docker Hub 是默认存储库。下载镜像后,Docker 从镜像创建了一个容器,并在容器中执行了应用程序,显示了该消息。

可以使用 docker search 命令搜索 Docker Hub 上可用的镜像。例如，要搜索 Ubuntu 镜像，可输入如下命令：

```
docker search ubuntu
```

使用该脚本将对 Docker Hub 进行抓取，并返回名称与搜索字符串匹配的所有镜像的列表，输出如图 3-6 所示。

```
NAME                                                  DESCRIPTION                                     STARS   OFFICIAL   AUTOMATED
ubuntu                                                Ubuntu is a Debian-based Linux operating sys…   7917    [OK]
dorowu/ubuntu-desktop-lxde-vnc                        Ubuntu with openssh-server and NoVNC            193                [OK]
rastasheep/ubuntu-sshd                                Dockerized SSH service, built on top of offi…   156                [OK]
ansible/ubuntu14.04-ansible                           Ubuntu 14.04 LTS with ansible                   93                 [OK]
ubuntu-upstart                                        Upstart is an event-based replacement for th…   87      [OK]
neurodebian                                           NeuroDebian provides neuroscience research s…   50      [OK]
ubuntu-debootstrap                                    debootstrap --variant=minbase --components=m…   38      [OK]
1and1internet/ubuntu-16-nginx-php-phpmyadmin-mysql-5  ubuntu-16-nginx-php-phpmyadmin-mysql-5          36                 [OK]
nuagebec/ubuntu                                       Simple always updated Ubuntu docker images w…   23                 [OK]
tutum/ubuntu                                          Simple Ubuntu docker images with SSH access     18
i386/ubuntu                                           Ubuntu is a Debian-based Linux operating sys…   13
ppc64le/ubuntu                                        Ubuntu is a Debian-based Linux operating sys…   12
1and1internet/ubuntu-16-apache-php-7.0                ubuntu-16-apache-php-7.0                        10                 [OK]
1and1internet/ubuntu-16-nginx-php-phpmyadmin-mariadb-10  ubuntu-16-nginx-php-phpmyadmin-mariadb-10      6                  [OK]
eclipse/ubuntu_jdk8                                   Ubuntu, JDK8, Maven 3, git, curl, nmap, mc, …   6                  [OK]
codenvy/ubuntu_jdk8                                   Ubuntu, JDK8, Maven 3, git, curl, nmap, mc, …   4                  [OK]
darksheer/ubuntu                                      Base Ubuntu Image -- Updated hourly             4                  [OK]
1and1internet/ubuntu-16-apache                        ubuntu-16-apache                                3                  [OK]
1and1internet/ubuntu-16-nginx-php-5.6-wordpress-4     ubuntu-16-nginx-php-5.6-wordpress-4             3                  [OK]
1and1internet/ubuntu-16-sshd                          ubuntu-16-sshd                                  1                  [OK]
pivotaldata/ubuntu                                    A quick freshening-up of the base Ubuntu doc…   1
1and1internet/ubuntu-16-healthcheck                   ubuntu-16-healthcheck                           0                  [OK]
pivotaldata/ubuntu-gpdb-dev                           Ubuntu images for GPDB development              0
smartentry/ubuntu                                     ubuntu with smartentry                          0                  [OK]
ossobv/ubuntu
...
```

图 3-6　搜索镜像的结果列表

在图 3-6 中的 OFFICIAL 列中，带[OK]标记的表明这个镜像由公司构建和支持。其他镜像则由个人创建。确定要使用的镜像后，可以使用 pull 命令将它下载到本地计算机。

执行以下 ubuntu 命令下载官方镜像：

```
docker pull ubuntu
```

将看到以下输出：

```
Using default tag: latest
latest: Pulling from library/ubuntu
6b98dfc16071: Pull complete
4001a1209541: Pull complete
6319fc68c576: Pull complete
b24603670dc3: Pull complete
97f170c87c6f: Pull complete
Digest: sha256:5f4bdc3467537cbbe563e80db2c3ec95d548a9145d64453b06939c4592d67b6d
Status: Downloaded newer image for ubuntu:latest
```

下载镜像后，可以使用子命令 run 运行容器，如下例所示。

```
docker pull hello-world
docker run -it hello-world
```

如果未下载 hello-world 镜像，直接执行 docker run 命令，则 Docker 客户端将首先下载镜像，然后再运行 hello-world 容器。读者可以自行测试一下，先使用 docker rmi hello-world 命令把 hello-world 镜像删除，再容器看看显示的结果。

查看已下载的镜像：

```
docker images
```

输出应类似于以下内容：

```
REPOSITORY          TAG             IMAGE ID            CREATED             SIZE
ubuntu              latest          113a43faa138        4 weeks ago         81.2MB
hello-world         latest          e38bc07ac18e        2 months ago        1.85kB
```

用于运行容器的镜像可以被修改并用于生成新镜像，然后可以将它上传到 Docker Hub 或其他 Docker 镜像托管网站。

3.3 在 Mac OS 中安装 Docker

本节介绍如何在 Mac OS（也称为 macOS）中安装 Docker。

3.3.1 使用 Homebrew 安装

在 Mac OS 中可以使用 Homebrew 安装 Docker。Homebrew 的 Cask 已经支持 Docker for Mac，因此可以很方便地使用 Homebrew Cask 来进行安装：

```
$ brew install --cask --appdir=/Applications docker


==> Creating Caskroom at /usr/local/Caskroom
==> We'll set permissions properly so we won't need sudo in the future
Password:           # 输入 macOS 密码
==> Satisfying dependencies
==> Downloading https://download.docker.com/mac/stable/21090/Docker.dmg
######################################################################
100.0%
==> Verifying checksum for Cask docker
==> Installing Cask docker
==> Moving App 'Docker.app' to '/Applications/Docker.app'.
🍺  docker was successfully installed!
```

在载入 Docker.app 后，单击 Next 按钮，可能会询问我们的 macOS 登录密码，输入即可。之后会弹出一个 Docker 运行的提示窗口，状态栏上也有 Docker 的图标入口。

3.3.2 手动下载安装

如果需要手动下载,则将以下链接打开:

https://docs.docker.com/desktop/install/mac-install/

选择适合我们计算机的版本,如图 3-7 所示。

图 3-7　下载 Mac 版本的 Docker

如同安装 macOS 的其他软件一样,Docker 的安装也非常简单,双击下载的.dmg 文件,然后将 Docker 鲸鱼图标拖曳到 Application 文件夹即可,如图 3-8 所示。

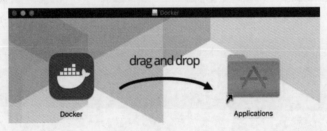

图 3-8　安装 Docker

从应用中找到 Docker 图标并单击运行。如图 3-9 所示,可能会询问 macOS 的登录密码,输入即可。

图 3-9　权限授予

在任务栏可以看到小图标,它是 Docker 入口,如图 3-10 所示。

图 3-10　任务栏 Docker 入口

安装完成后,第一次单击图标,会看到如图 3-11 所示的界面,在界面中单击"Accept"按钮接受协议。安装成功后提供的快捷操作入口如图 3-12 所示。

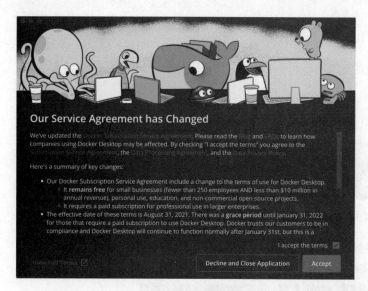

图 3-11 同意条款　　　　　　　　图 3-12 安装成功后提供的快捷操作入口

启动终端后，就可以在上面学习 Docker 的各种操作。比如，输入 docker 命令，如图 3-13 所示。

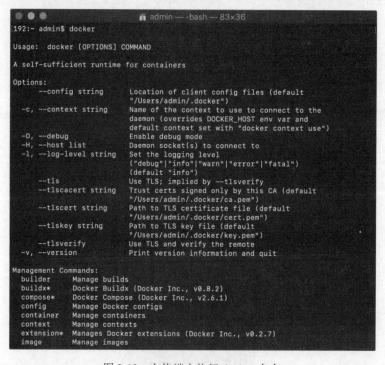

图 3-13 在终端上执行 docker 命令

再比如，通过以下命令检查安装后的 Docker 版本：

```
$ docker --version
Docker version 20.10.17, build 100c701
```

第 4 章

操作容器

容器是 Docker 提供网络服务的主体。为了能够提供 MySQL、Apache 等网络服务，用户必须创建对应的容器。本章主要介绍容器的生命周期及基本操作。

本章主要涉及的知识点有：

- 容器的生命周期。
- 创建容器。
- 管理容器。
- 启动与终止容器。
- 进入容器。
- 导出和导入。

4.1 容器的生命周期

容器的生命周期分为五种状态，如图 4-1 所示。

- Created：初建状态，表示容器已经被创建，容器所需的相关资源已经准备就绪，但容器中的程序还未处于运行状态。
- Running：运行状态，表示容器正在运行，也就是容器中的应用正在运行。
- Paused：暂停状态，表示容器已暂停，容器中的所有程序都处于暂停（不是停止）状态。
- Stopped：停止状态，表示容器处于停止状态，占用的资源和沙盒环境都依然存在，只是容器中的应用程序均已停止。
- Deleted：删除状态，表示容器已被删除，占用的相关资源及存储在 Docker 中的管理信息也都已被释放和移除。

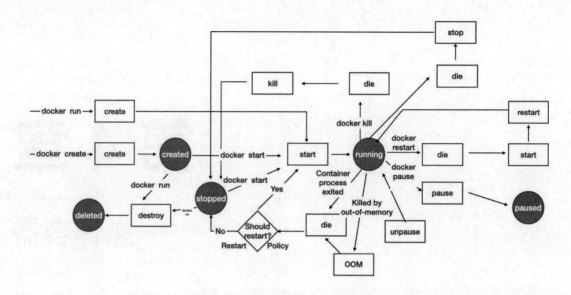

图 4-1　Docker 容器的生命周期

通过命令，可以对容器进行操作。容器常用的命令如图 4-2 所示。

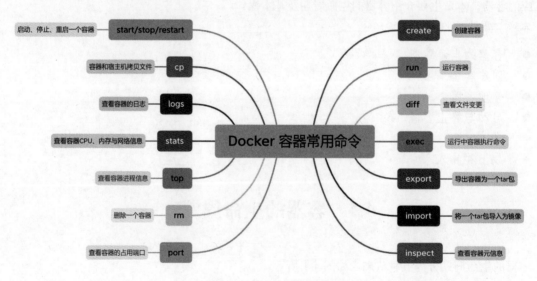

图 4-2　Docker 容器常用命令

4.2　创建容器

容器是 Docker 提供网络服务的主体。为了能够提供 MySQL、Apache 等网络服务，用户必须创建对应的容器。

在 Docker 中，用户可以通过两种方式来创建容器。第一种是通过 docker create 命令来创建一个容器，创建的新容器处于停止状态，即不启动该容器。第二种是通过 docker run 命令来创建一个新的容器，并且会启动该容器。

docker create 命令的基本语法如下：

```
docker create [options] image
```

其中，用户可以通过 options 为容器指定相应的选项，用来定制新的容器。常用的选项有：

- --add-host=[]：指定主机到 IP 地址的映射关系，其格式为 host:ip。
- --dns=[]：为容器指定域名服务器。
- -h：为容器指定主机名。
- -i：打开容器的标准输入。
- --name：指定容器名称。
- -u, --user=：创建用户。

通常情况下，用户在创建容器时只要指定镜像名称及其版本即可。其他的都可以采用默认的选项。例如，下面的命令创建一个 CentOS 容器：

```
docker@boot2docker:~$ docker create centos
8aba283b4b1941071f132f050519b4312c228b748e60a67af859dd104c4872da
docker@boot2docker:~$ docker ps -a
CONTAINER ID    IMAGE     COMMAND CREATED      STATUS  PORTS      NAMES
8aba283b4b19    centos    "/bin/bash" 11 seconds agoCreated
stoic_torvalds
...
```

当 docker create 命令成功执行之后，会返回一个字符串，该字符串为新容器的 ID。随后的 docker ps 命令列出了刚才创建的容器的信息。

在 docker create 命令中，镜像可以指定标签或者版本号，如下所示：

```
docker@boot2docker:~$ docker create centos:latest
```

latest 标签表示使用最新版本的镜像创建容器。

当本地不存在用户指定的镜像时，Docker 会自动搜索远程仓库，找到之后，会自动将它下载到本地，然后再创建容器。

docker run 命令与 docker create 命令的语法大同小异。只是有 2 个选项需要特别注意：第 1 个选项为-t，该选项的功能是为当前的容器分配一个命令行虚拟终端，以便于用户与容器交互，以该选项创建的容器可以称为交互型容器；第 2 个选项为-d，以该选项创建的容器称为后台型容器，新的容器保持在后台运行。

例如，下面的命令创建一个名称为 demo_centos 的容器，创建之后立即启动该容器，并且进入交互模式。

```
docker@boot2docker:~$ docker run -i -t --name demo_centos centos /bin/bash
[root@d25f10dba679 /]#
```

从上面命令的执行结果可以得知，当 docker run 命令成功执行之后，命令提示发生了改变，如下所示：

```
root@d25f10dba679 /#
```

其中 root 表示当前登录的用户为 root，@符号后面的字符串为容器 ID，#表示当前为超级用户。

注意：上面的命令中，最后的/bin/bash 告诉 Docker 要在容器里面执行此命令。

下面的名称创建一个后台型容器：

```
docker@boot2docker:~$ docker run -d centos
304146f2d20470f85d9b50e5e27844ad12b1842bada46d61b063b52027e3ead3
```

当用户通过以上方式创建容器之后，就可以直接在容器中执行所需要的操作了，例如管理文件或者服务等。

如果用户想退出当前容器，那么在命令行中输入 exit 命令即可返回到 Docker 的管理窗口。

4.3 管理容器

使用 Docker 一段时间后，计算机上或许会有许多运行和非运行容器。查看运行的容器使用如下命令：

```
docker ps
```

输出如下：

```
CONTAINER ID        IMAGE               COMMAND             CREATED
```

目前没有运行中的容器。

查看所有容器的运行状态，添加-a 指令运行：

```
docker ps -a
```

输出如下：

```
    d9b100f2f736        ubuntu              "/bin/bash"         About an hour ago
Exited (0) 8 minutes ago                        sharp_volhard
    01c950719166        hello-world         "/hello"            About an hour ago
Exited (0) About an hour ago                    festive_williams
```

查看创建的最新容器，使用-l 指令：

```
docker ps -l
```

输出如下：

```
CONTAINER ID        IMAGE           COMMAND             CREATED
STATUS              PORTS           NAMES
d9b100f2f636        ubuntu          "/bin/bash"         About an hour ago
Exited (0) 10 minutes ago           sharp_volhard
```

启动已停止的容器，命令如下：

```
docker start d9b100f2f736
```

两次使用 docker ps 命令查看容器状态中，输出如下：

```
CONTAINER ID        IMAGE           COMMAND             CREATED
STATUS              PORTS           NAMES
d9b100f2f736        ubuntu          "/bin/bash"         About an hour ago   Up
8 seconds                           sharp_volhard
```

停止正在运行的容器，可以使用 docker stop 命令，后面加上容器 ID 或名称。例如：

```
docker stop d9b100f2f736
```

可以使用 docker rm 命令删除不再需要的容器：

```
docker rm d9b100f2f736
```

有关容器运行的相关选项和更多信息，可以使用以下命令查看：

```
docker run help
```

4.4 启动与终止

容器是交互式的，有点类似于虚拟机，且更加有利于资源的高效利用。例如，使用 Ubuntu 的最新镜像运行一个容器，-i 和 -t 子命令的意思提供了对容器的交互式 shell 访问：

```
docker run -it ubuntu
```

现在已经进入 docker 内部，在这个环境下，shell 展现如下：

```
root@d9b100f2f636:/#
```

注意命令提示符中的容器 ID，在示例中是 d9b100f2f636，稍后在删除容器时需要使用该容器 ID 标识容器。现在可以在容器内运行任何命令，例如更新容器内的包数据库，由于是以 root 用户身份在容器内操作的，因此不需要在命令前添加 sudo 前缀：

```
apt update
```

然后在其中安装任何应用程序。例如安装 Node.js：

```
apt install nodejs
```

这将从官方 Ubuntu 存储库中安装容器中的 Node.js。安装完成后，验证是否已安装 Node.js：

```
node -v
```

将在终端中看到 Node 的版本号：

```
v8.10.0
```

在容器内进行的任何更改仅适用于该容器。输入 exit 退出容器。

在大部分的场景下，希望 Docker 服务是在后台运行的，可以过-d 指定容器的运行模式：

```
$ docker run -itd --name ubuntu-test ubuntu /bin/bash
```

注意：加了-d 参数默认不会进入容器，想要进入容器需要使用命令 docker exec。

停止容器的命令如下：

```
$ docker stop <容器 ID>
```

停止的容器可以通过 docker restart 命令重启：

```
$ docker restart <容器 ID>
```

4.5 进入容器

使用-d 参数运行容器时，容器启动后会进入后台。此时想要进入容器，可以通过以下命令进入：

- docker attach：使用这个命令进入容器，退出时会导致容器停止。
- docker exec：推荐大家使用 docker exec 命令，因为此命令会退出容器终端，但不会导致容器的停止。

docker attach 命令的使用方法如下：

```
docker attach 1e560fca4907
```

docker exec 命令的使用方法如下：

```
docker exec -it 1e560fca4907 /bin/bash
```

更多参数说明可使用 docker exec --help 命令查看。

4.6 导出和导入

如果要导出本地某个容器，可以使用 docker export 命令，例如，导出容器 1e560fca4907 快照到本地文件 ubuntu.tar：

```
docker export 1e560fca4907 > ubuntu.tar
```

可以使用 docker import 命令从本地容器快照文件中再导入为镜像。以下示例将快照文件 ubuntu.tar 导入镜像 test/ubuntu:v1：

```
cat docker/ubuntu.tar | docker import - test/ubuntu:v1
```

还可以通过指定 URL 或者某个目录来导入，例如：

```
docker import http://example.com/exampleimage.tgz example/imagerepo
```

第 5 章

Docker 引擎

Docker 引擎是用来运行和管理容器的核心部分。基于开放容器计划，Docker 引擎采用了模块化的设计原则，组件是可以替换的。Docker 引擎主要由 Docker 客户端、Docker 守护进程、containerd、runc 组成，共同负责容器的创建和运行。

本章主要涉及的知识点有：

- Docker 引擎简介。
- Docker 引擎的架构。
- Docker 引擎的组成。

5.1 Docker 引擎简介

Docker 引擎是用来运行和管理容器的核心部分。Docker 首次发布时，Docker 引擎由 LXC 和 Docker daemon 两个核心组件构成。

Docker daemon 是单一的二进制文件，包含 Docker 客户端、Docker API、容器运行时、镜像构建等。LXC 提供了对命名空间（Namespace）和控制组（CGroup）等基础工具的操作能力，它们是基于 Linux 内核的容器虚拟化技术。

在 Docker 旧版本中，Docker daemon、LXC 和操作系统之间的交互关系如图 5-1 所示。

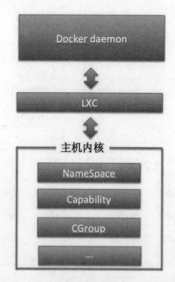

图 5-1　Docker 引擎旧版核心组成关系图

其中，LXC 是基于 Linux 的，存在对外部工具的严重依赖关系，对于 Docker 的跨平台目标的实现是个问题。因此，Docker 公司开发了名为 Libcontainer 的自研工具，用于替代 LXC。Libcontainer 的目标是成为与平台无关的工具，可基于不同内核为 Docker 上层提供必要的容器交互功能。在 Docker 0.9 版本中，Libcontainer 取代 LXC 成为默认的执行驱动。

同时，Docker 的整体性带来了越来越多的问题。难于变更、运行越来越慢，这对于 Docker 生态的发展来说弊大于利。Docker 公司意识到了这些问题，开始努力着手拆解这个大而全的 Docker daemon，并将它模块化。尽可能地拆解出其中的功能特性，并用小而专的工具来实现它。这些小工具可以是可替换的，也可以被第三方拿去用于构建其他工具。目前，所有容器执行和容器运行时的代码已经完全从 daemon 中移除，并重构为小而专的工具。

在改进版本中，基于开放容器计划，Docker 引擎采用了模块化的设计原则，组件是可以替换的。Docker 引擎主要由 Docker Client、Docker daemon、containerd、runc 组成，共同负责容器的创建和运行，如图 5-2 所示。

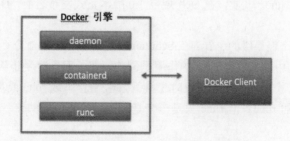

图 5-2　Docker 引擎改进版本核心组成关系图

目前 Docker 引擎的架构示意图如图 5-3 所示。

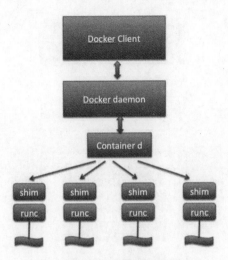

图 5-3　Docker 引擎架构

5.2　Docker 引擎的组件构成

5.2.1　runc

在 Docker daemon 拆解和重构时，OCI 也正在着手定义两个容器相关的规范，即镜像规范和容器运行时规范，两个规范均于 2017 年 7 月发布了 1.0 版。

Docker 公司参与了这些规范的制定工作，并贡献了许多代码。从 Docker 1.11 版本（2016 年初）开始，Docker 引擎尽可能实现了 OCI 的规范。例如，Docker daemon 不再包含任何容器运行时的代码——所有的容器运行代码在一个单独的 OCI 兼容层中实现。默认情况下，Docker 使用 runc 来实现这一点。runc 是 OCI 容器运行时标准的参考实现，如图 5-3 中的 runc 容器运行时层。runc 项目的目标之一就是与 OCI 规范保持一致。目前 OCI 规范均为 1.0 版本，我们不希望它们频繁地迭代，毕竟稳定胜于一切。除此之外，Docker 引擎中的 containerd 组件确保了 Docker 镜像能够以正确的 OCI Bundle 的格式传递给 runc。其实，在 OCI 规范 1.0 版本正式发布之前，Docker 引擎就已经遵循该规范实现了部分功能。

runc 实质上是一个轻量级的、针对 Libcontainer 进行了包装的命令行交互工具。Libcontainer 取代了早期 Docker 架构中的 LXC。runc 的作用是创建容器，而且速度非常快。不过 runc 是一个 CLI 包装器，实质上就是一个独立的容器运行时工具。因此，直接下载 runc 或基于源码编译二进制文件，即可拥有一个全功能的 runc。但 runc 只是一个基础工具，并不提供类似 Docker 引擎所拥有的丰富功能。

有时也将 runc 所在的架构层称为 OCI 层。关于 runc 的发布信息见 GitHub 中 opencontainers/runc 库的 release。

5.2.2　containerd

在对 Docker daemon 的功能进行拆解后，所有的容器执行逻辑被重构到一个新的名为 containerd

（发音为 container-dee）的工具中。containerd 的主要任务是管理容器的生命周期，即 start | stop | pause | rm ... containerd 等。它在 Linux 和 Windows 中以 daemon 的方式运行，从 1.11 版本之后 Docker 就开始在 Linux 上使用。

Docker 引擎技术栈中，containerd 位于 daemon 和 runc 所在的 OCI 层之间。Kubernetes 也可以通过 cri-containerd 使用 containerd。

containerd 最初被设计为轻量级的小型工具，仅用于容器的生命周期管理。然而，随着时间的推移，它被赋予了更多的功能，例如镜像管理等。便于在其他项目中使用 containd。例如，在 Kubernetes 中，containerd 就是一个很受欢迎的容器运行时。原因之二是在 Kubernetes 项目中，如果 containerd 能够完成一些诸如 push 和 pull 镜像这样的操作就更好了。因此，如今的 containerd 还能够完成一些除容器生命周期管理之外的操作。不过，所有的额外功能都是模块化的、可选的，便于自行选择所需功能。Kubernetes 项目在使用 containerd 时，可以仅包含所需的功能。

containerd 由 Docker 公司开发，并捐献给了云原生计算基金会（Cloud Native Computing Foundation，CNCF）。2017 年 12 月发布了 1.0 版本，具体的发布信息详见 GitHub 中的 containerd/containerd 库的 releases。

第 6 章

Docker 镜像

在 Docker 中,镜像是容器的模板。容器中的虚拟机都是以镜像为模板创建的。Docker 为镜像的创建和更新提供了简单的机制,用户也可以直接从网络上面下载已经创建好的镜像文件来直接使用。本章将介绍如何对 Docker 中的镜像进行有效管理。

本章主要涉及的知识点有:

- 获取镜像。
- 列出镜像。
- 删除本地镜像。
- 理解镜像构成。
- 定制镜像。

6.1 镜像构成

镜像由多个层组成,每层叠加之后,从外部看来就如一个独立的对象。镜像内部是一个精简的操作系统,同时还包含应用运行所必须的文件和依赖包。因为容器设计的初衷就是快速和小巧,所以镜像通常都比较小。镜像就像停止运行的容器(类)。实际上,可以停止某个容器的运行,并从中创建新的镜像。因此,镜像可以理解为一种构建时(build-time)结构,而容器可以理解为一种运行时(run-time)结构,如图 6-1 所示。

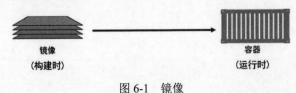

图 6-1 镜像

图 6-1 从顶层设计层面展示了镜像和容器间的关系。通常可以使用 docker container run 和 docker service create 命令，从某个镜像启动一个或多个容器。一旦容器从镜像启动后，容器和镜像二者之间就变成了互相依赖的关系，并且在镜像上启动的容器全部停止之前，镜像是无法被删除的。尝试删除镜像而不停止或销毁使用它的容器，会导致出错。

容器的目的就是运行应用或者服务，这意味着容器的镜像中必须包含应用或服务运行所必需的操作系统和应用文件。但是镜像通常比较小，而容器又追求快速和小巧，这就意味着在构建镜像的时候通常需要裁剪掉不必要的部分，保持较小的体积。例如，Docker 镜像不会包含 6 个不同的 Shell 让用户选择，通常 Docker 镜像中只有一个精简的 Shell，甚至没有 Shell。镜像中还不包含内核——容器都是共享所在 Docker 主机的内核。所以，有时会说容器仅包含必要的操作系统（通常只有操作系统文件和文件系统对象）。

Docker 官方镜像 Alpine Linux 大约只有 4MB，可以说是 Docker 镜像小巧这一特点的比较典型的例子。但是，镜像更常见的状态是如 Ubuntu 官方的 Docker 镜像一般，大约有 110MB。这些镜像都已裁剪掉大部分的无用内容。Windows 镜像要比 Linux 镜像大一些，这与 Windows 操作系统的工作原理有关。比如，未压缩的最新 Microsoft .NET 镜像（microsoft/dotnet:latest）超过 1.7GB；Windows Server 2016 Nano Server 镜像（microsoft/nanoserver:latest）在拉取并解压后，其体积略大于 1GB。

6.2 获取镜像

当用户在创建容器的时候，可以自己创建所需要的镜像。但是，在绝大多数情况下，用户选择的是从 Docker 镜像仓库中查找所需要的镜像。找到之后，将它从镜像仓库中下载到本地使用。常见的镜像仓库是 Docker Hub，但是也存在其他镜像仓库。首先需要先从镜像仓库服务中拉取镜像，拉取操作会将镜像下载到本地 Docker 主机，可以使用该镜像启动一个或者多个容器。

Docker 提供了 docker search 命令来查找远程镜像仓库上面的镜像。该命令的使用方法非常简单，其语法如下：

```
docker search keyword
```

其中，keyword 表示要查找的镜像所包含的关键词。例如，查找包含关键词 mysql 的镜像：

```
docker search mysql
NAME                 DESCRIPTION          STARS    OFFICIAL    AUTOMATED
mysql                MySQL is a widely …  7164     [OK]
mariadb              MariaDB is a…        2301     [OK]
mysql/mysql-server   Optimized MySQL…     524      [OK]
percona              Percona Server is …  380      [OK]
…
```

在上面的输出结果中，第 1 列为镜像名称，第 2 列为该镜像的描述信息，第 3 列为用户对于该镜像的评价指数，第 4 列表示该镜像是否为官方发布的镜像，第 5 列表示该镜像是否为自动构建。

注意：如果 docker search 命令搜索结果比较多，可以使用-s 或者--start 选项来选出那些评价较高的镜像。

查找到合适的镜像之后，用户可以将它下载到本地，以便于创建容器。Docker 提供了 docker pull 命令来下载镜像。该命令的基本语法如下：

```
docker pull name:tag
```

其中，name 为镜像的名称，镜像名必须完整地包含命名空间和仓库名。如果在同一个仓库中包含多个相同名称的镜像，则还需要使用 tag 参数指定所需要的镜像的标签。如果没有指定标签，则 Docker 会自动将 latest 作为默认的标签，表示下载最新的镜像。

例如，下面的命令将 Ubuntu 镜像下载到本地：

```
docker pull ubuntu
Using default tag: latest
latest: Pulling from library/ubuntu
70d53b6cf65a: Pull complete
56f2dc181710: Already exists
c21240e8f2d3: Already exists
4fa065952288: Already exists
429e5e6ba0e8: Already exists
Digest: sha256:c5aaecd59b35e20f12265fba73ee1db4ff5888b7a4495c0596f0464aa77a4117
Status: Downloaded newer image for ubuntu:latest
```

通常情况下，镜像都是分层存储的。比如，上面的镜像文件由 5 层构成，其中每一层都可以由不同的镜像共用。再比如，在上面的镜像中，后面的 4 层已经存在于本地，所以 docker 命令不会再次从仓库上面下载。

在 Docker 的镜像管理中，标签发挥了非常重要的作用，它用来区分同一个镜像的不同版本。

注意：如果在下载镜像时，最后的 Status 为 Tag latest not found in repository，则通常为镜像不存在或者存在网络问题。

6.3 列出镜像

如果用户想要查看已经下载到本地的镜像，可以使用 docker images 命令。该命令可以直接使用，不加任何参数，如下所示：

```
docker images
REPOSITORY        TAG        IMAGE ID        CREATED        VIRTUAL SIZE
ubuntu            latest     70d53b6cf65a    2 days ago     85.85 MB
```

centos	latest	ea4b646d9000	11 days ago	200.4 MB
dordoka/tomcat	latest	53076e63352b	7 weeks ago	795.9 MB
...				

其中第 1 列为镜像名称；第 2 列为镜像的标签，默认标签都为 latest；第 3 列为镜像的 ID；第 4 列为镜像的创建时间；第 5 列为镜像的虚拟大小。

6.4 删除本地镜像

对于当前系统中已经不需要的镜像，为了节省存储空间，管理员可以将它删除。删除镜像使用 docker rmi 命令，其中，rmi 中的字母 i 表示镜像。该命令的基本语法如下：

```
docker rmi image
```

其中 image 为镜像名称。用户可以同时删除多个镜像，多个镜像名称之间用空格隔开。例如，下面的命令删除名称为 dordoka/tomcat 的本地镜像：

```
docker rmi dordoka/tomcat
Untagged: dordoka/tomcat:latest
Deleted: 53076e63352b3a6c99d5a0c23b662d257f51671b42efd522ac69c0af67bda935
Deleted: 216cf58505b7e38d5fb292f30908d375beb4a90a725ce151aaa1f0bffefff2df
Deleted: d99ce1b3f5f307dfc10dd893e80e9060e5a3dee18c5da32106f821df50b153f3
...
```

如果某个镜像被当前系统的某些容器使用，则在删除该镜像时会出现错误。在这种情况下，用户可以先将使用这个镜像的容器删除，然后再删除该镜像。此外，docker rmi 命令还提供了 -f 选项，用来强制删除某个镜像。但是，将某个镜像强制删除之后，往往会导致某些容器无法运行。所以，为了保证系统数据的一致性，建议用户先删除容器，再删除镜像。

6.5 定制镜像

前面章节已经介绍了如何从远程 Docker Hub 镜像仓库上面下载已经构建好的、带有定制内容的 Docker 镜像。直接使用 Docker Hub 的镜像可以满足一定的需求，但是，当这些镜像无法直接满足需求时，我们就需要定制镜像。本节将讲解如何定制镜像。

构建 Docker 镜像有两种方法：第一种方法是使用 docker commit 命令；第二种方法是使用 docker build 命令+Dockerfile 文件。

6.5.1 使用 docker commit 命令定制镜像

镜像是多层存储，每一层在前一层的基础上进行修改；而容器同样也是多层存储，是以镜像为基础层，在其基础上加一层作为容器运行时的存储层。

使用 docker commit 命令构建镜像的过程，可以想象为是在往版本控制系统里提交变更。首先创建一个容器，并在容器里做出修改，所做的修改类似于修改代码，最后再将修改提交为一个新的镜像。

以下从定制一个 Web 服务器为例子，来讲解镜像是如何构建的。

```
$ docker run --name webserver -d -p 80:80 nginx
```

这条命令会用 nginx 镜像启动一个容器，容器命名为 webserver，并且映射了 80 端口，这样就可以用浏览器访问 nginx 服务器。

如果是在本机运行的 Docker，那么可以直接访问 http://localhost；如果是在虚拟机、云服务器上安装的 Docker，则需要将 localhost 转换为虚拟机地址或者实际云服务器地址。

假设需要修改这个页面，改成"Hello，Docker"的文字页面，可以使用 docker exec 命令进入容器，修改其内容。

```
$ docker exec -it webserver bash
root@4729b87e8335:/# echo '<h1>Hello, Docker!</h1>' > /usr/share/nginx/html/index.html
root@4729b87e8335:/# exit
exit
```

我们以交互式终端方式进入 webserver 容器，并执行了 bash 命令,也就是获得一个可操作的 Shell。然后，用<h1>Hello,Docker!</h1>覆盖了/usr/share/nginx/html/index.html 的内容。

现在再刷新浏览器的话，会发现页面内容被改变了。我们修改了容器的文件，也就是改动了容器的存储层。可以通过 docker diff 命令查看具体的改动。

```
$ docker diff webserver
C /root
A /root/.bash_history
C /run
C /usr
C /usr/share
C /usr/share/nginx
C /usr/share/nginx/html
C /usr/share/nginx/html/index.html
C /var
C /var/cache
C /var/cache/nginx
```

```
A /var/cache/nginx/client_temp
A /var/cache/nginx/fastcgi_temp
A /var/cache/nginx/proxy_temp
A /var/cache/nginx/scgi_temp
A /var/cache/nginx/uwsgi_temp
```

我们定制好了变化,希望能将它保存下来形成镜像。当我们运行一个容器的时候,我们做的任何文件修改都会被记录于容器存储层里。而 Docker 提供了一个 docker commit 命令,可以将容器的存储层保存下来成为镜像。换句话说,就是在原有镜像的基础上再叠加上容器的存储层,并构成新的镜像。以后我们运行这个新镜像的时候,就会拥有原有容器最后的文件变化。

docker commit 的语法格式如下:

```
docker commit [选项] <容器 ID 或容器名> [<仓库名>[:<标签>]]
```

可以用下面的命令将容器保存为镜像:

```
$ docker commit \
    --author "Tao Wang <twang2218@gmail.com>" \
    --message "修改了默认网页" \
    webserver \
    nginx:v2
sha256:07e33465974800ce65751acc279adc6ed2dc5ed4e0838f8b86f0c87aa1795214
```

其中 --author 是指定修改的作者,而 --message 则是记录本次修改的内容。这一点和 Git 版本控制相似,不过这里的这些信息可以留空省略。

可以在 docker image ls 中查看这个新定制的镜像:

```
$ docker image ls nginx
REPOSITORY          TAG           IMAGE ID          CREATED            SIZE
nginx               v2            07e334659748      9 seconds ago      181.5 MB
nginx               1.11          05a60462f8ba      12 days ago        181.5 MB
nginx               latest        e43d811ce2f4      4 weeks ago        181.5 MB
```

还可以用 docker history 具体查看镜像内的历史记录,如果比较 nginx:latest 的历史记录,会发现新增了刚刚提交的这一层。

```
$ docker history nginx:v2
IMAGE               CREATED           CREATED BY                                        SIZE          COMMENT
07e334659748        54 seconds ago    nginx -g daemon off;                              95 B
e43d811ce2f4        4 weeks ago       /bin/sh -c #(nop)  CMD ["nginx" "-g" "daemon      0 B
<missing>           4 weeks ago       /bin/sh -c #(nop)  EXPOSE 443/tcp 80/tcp          0 B
<missing>           4 weeks ago       /bin/sh -c ln -sf /dev/stdout /var/log/nginx/     22 B
<missing>           4 weeks ago       /bin/sh -c apt-key adv --keyserver hkp://pgp.     58.46 MB
```

<missing>	4 weeks ago	/bin/sh -c #(nop)	ENV NGINX_VERSION=1.11.5-1	0 B
<missing>	4 weeks ago	/bin/sh -c #(nop)	MAINTAINER NGINX Docker Ma	0 B
<missing>	4 weeks ago	/bin/sh -c #(nop)	CMD ["/bin/bash"]	0 B
<missing>	4 weeks ago	/bin/sh -c #(nop)	ADD file:23aa4f893e3288698c	123 MB

新的镜像定制好后，可以运行这个镜像。

```
docker run --name web2 -d -p 81:80 nginx:v2
```

这里我们命名新的服务为 web2，并且映射到 81 端口。访问 http://localhost:81 查看页面结果，其内容应该和之前修改后的 webserver 一样。

至此，我们第一次完成了定制镜像，使用的是 docker commit 命令，手动操作给旧的镜像添加了新的一层，形成新的镜像。现在，我们对镜像多层存储应该有了更直观的感受。

但是，docker commit 仍然需要慎用。使用 docker commit 命令虽然可以比较直观地帮助理解镜像分层存储的概念，但是实际环境中并不会这样使用。

首先，如果仔细观察之前的 docker diff webserver 的结果，会发现除了真正想要修改的 /usr/share/nginx/html/index.html 文件外，由于命令的执行，还有很多文件被改动或添加了。这还仅仅是最简单的操作，如果是安装软件包、编译构建，那么会有大量的无关内容被添加进来，将会导致镜像极为臃肿。

此外，使用 docker commit 意味着所有对镜像的操作都是黑箱操作，生成的镜像也被称为黑箱镜像，换句话说，就是除了制作镜像的人知道执行过什么命令、怎么生成的镜像外，别人根本无从得知。而且，即使是这个制作镜像的人，过一段时间后也无法记清具体的操作。这种黑箱镜像的维护工作是非常痛苦的。

另外，回顾之前提及的镜像所使用的分层存储的概念，除当前层外，之前的每一层都是不会发生改变的。换句话说，任何修改的结果仅仅是在当前层进行标记、添加、修改，而不会改动上一层。如果使用 docker commit 制作镜像，后期修改的话，每一次修改都会让镜像更加臃肿，所删除的上一层的东西并不会丢失，会一直如影随形地跟着这个镜像，即使根本无法访问到，也会让镜像更加臃肿。

6.5.2 使用 docker build 命令+Dockerfile 文件定制镜像

镜像的定制实际上就是定制每一层所要添加的配置、文件。如果我们可以把每一层修改、安装、构建、操作的命令都写入一个脚本，用这个脚本来构建、定制镜像，那么之前提及的无法重复的问题、镜像构建透明性的问题、体积的问题就都迎刃而解了。这个脚本就是 Dockerfile。

Dockerfile 是一个文本文件，其内容包含了一条条的指令，每一条指令构建一层，因此每一条指令的内容就是描述该层应当如何构建。

以下举例说明如何使用 Dockerfile 来定制 nginx 镜像。

首先在一个空白目录中建立一个文本文件，并命名为 Dockerfile：

```
$ mkdir mynginx
$ cd mynginx
$ touch Dockerfile
```

其内容为：

```
FROM nginx
RUN echo '<h1>Hello, Docker!</h1>' > /usr/share/nginx/html/index.html
```

这个 Dockerfile 很简单，一共就两行，涉及两条指令：FROM 和 RUN。FROM 指令是最重要的一个指令，且必须为 Dockerfile 文件开篇的第一个非注释行，用于为镜像文件构建过程指定基础镜像，后续的指令运行于此基础镜像提供的运行环境中。定制的镜像都是基于 FROM 的镜像，这里的 nginx 就是定制需要的基础镜像。后续的操作都是基于 nginx。RUN 指令用于执行后面跟着的命令行命令。

编写完 Dockerfile 文件后，开始构建镜像。在 Dockerfile 文件的存放目录下使用 docker build 命令执行构建命令。例如：

```
docker build -t nginx:v3 .
```

最后的"."代表本次执行的上下文路径。上下文路径是指 Docker 在构建镜像时要使用本机的文件（比如复制），docker build 命令得知这个路径后，会将路径下的所有内容打包。

除了标准地使用 Dockerfile 生成镜像的方法外，由于各种特殊需求和历史原因，还提供了一些其他方法用以生成镜像。例如从 rootfs 压缩包导入，命令格式如下：

```
docker import [选项] <文件>|<URL>|- [<仓库名>[:<标签>]]
```

压缩包可以是本地文件、远程 Web 文件，甚至是从标准输入中得到的。压缩包将会在镜像/目录展开，并直接作为镜像第一层提交。

使用 docker save 命令可以将镜像保存为归档文件，保存镜像的命令为：

```
$ docker save alpine -o filename
$ file filename
filename: POSIX tar archive
```

这里的 filename 可以为任意名称，甚至任意后缀名，但文件的本质都是归档文件。注意，如果同名则会覆盖（没有警告）。

使用 gzip 压缩：

```
$ docker save alpine | gzip > alpine-latest.tar.gz
```

然后将 alpine-latest.tar.gz 文件复制到另一个机器上，用下面这个命令加载镜像：

```
$ docker load -i alpine-latest.tar.gz
Loaded image: alpine:latest
```

如果结合这两个命令以及 ssh 甚至 pv 的话，利用 Linux 强大的管道，我们可以写一个命令完成将镜像从一个机器迁移到另一个机器，并且带进度条功能：

```
docker save <镜像名> | bzip2 | pv | ssh <用户名>@<主机名> 'cat | docker load'
```

第 7 章

Docker 容器

Docker 是一种轻量级的虚拟化技术，同时是一个开源的应用容器运行环境搭建平台，可以让开发者以便捷方式打包应用到一个可移植的容器中，然后安装至任何运行 Linux 或 Windows 等系统的服务器上。相较于传统虚拟机，Docker 容器提供了轻量化的虚拟化方式，安装便捷，启停速度快。

本章主要涉及的知识点有：

- Docker 容器简介。
- 资源限制的使用。
- 容器的底层技术。

7.1 Docker 容器简介

2.3.1 节提到了 Docker 的三大组成要素是镜像、容器、镜像仓库。其中，容器是镜像创建的运行实例，Docker 利用容器来运行应用。容器完全使用沙箱机制，相互之间不会有任何接口，每个 Docker 容器都是相互隔离的、保证安全的平台。可以把容器看作一个轻量级的 Linux 运行环境，几乎没有性能开销，可以很容易地在机器和数据中心中运行。

Docker 容器与其他的容器技术都是大致类似的，但是 Docker 在一个单一的容器内捆绑了关键的应用程序组件，这也就让这容器可以在不同平台和云计算之间实现便携性。其结果就是，Docker 成为了需要实现跨多个不同环境运行的应用程序的理想容器技术选择。

7.2 资源限制

默认情况下，容器没有资源限制，可以使用主机内核调度程序所允许的、尽可能多的给定资源，

Docker 提供了可以限制容器使用多少内存或 CPU 的方法。其中，许多功能都要求宿主机的内核支持 Linux 功能。要检查是否支持 Linux，可以使用 docker info 命令。如果内核中禁用了某项功能，那么可能会在输出结尾处看到警告，例如：

```
WARNING: No swap limit support
```

下面分别介绍内存资源限制、容器的内存限制、容器的 CPU 限制等机制。

7.2.1 内存资源限制

对于 Linux 主机，如果没有足够的内存来执行其他重要的系统任务，将会抛出 OOM（Out of Memory Exception，内存溢出、内存泄漏、内存异常）异常，随后系统会开始杀死进程以释放内存，凡是运行在宿主机的进程都有可能被杀死，包括 dockerd 和其他应用程序。如果重要的系统进程被杀死，会导致和该进程相关的服务全部宕机。

产生 OOM 异常时，dockerd 尝试通过调整 Docker 守护程序上的 OOM 优先级来减轻这些风险，以便它比系统上的其他进程更不可能被杀死，但是容器的 OOM 优先级未调整，这使得单个容器被杀死的可能性比 Docker 守护程序或其他系统进程被杀死的可能性更大。因此不推荐通过在守护程序或容器上手动设置 --oom-score-adj 为极端负数，或通过在容器上设置 --oom-kill-disable 来绕过这些安全措施。

- --oom-score-adj：宿主机 kernel 对进程使用的内存进行评分，评分最高的将被宿主机内核 kill 掉，可以指定一个容器的评分制，但是不推荐手动指定。
- --oom-kill-disable：对某个容器关闭 OOM 优先级机制。

OOM 优先级机制是指 Linux 会为每个进程算一个分数，最终它会杀死分数最高的进程。

- /proc/PID/oom_score_adj：范围为 -1000~1000，值越高越容易被宿主机杀死，如果将该值设置为 -1000，则进程永远不会被宿主机 kernel 杀死。
- /proc/PID/oom_adj：范围为 -17~+15，取值越高越容易被杀死，如果是 -17，则表示不能被杀死，该设置参数的存在是为了和旧版本的 Linux 内核兼容。
- /proc/PID/oom_score：这个值是系统综合进程的内存消耗量、CPU 时间（utime+stime）、存活时间（uptime-start time）和 oom_adj 计算出的进程得分，消耗内存越多得分越高，越容易被宿主机 kernel 强制杀死。

7.2.2 容器的内存限制

Docker 可以强制执行硬性内存限制，即只允许容器使用给定的内存大小。Docker 也可以执行非硬性内存限制，即容器可以使用尽可能多的内存，除非内核检测到主机上的内存不够用了。

内存限制的设置选项中的大多数采用正整数，后跟 b、k、m、g 后缀，以表示字节、千字节、兆字节或吉字节。例如：

- -m or --memory：容器可以使用的最大内存量，如果设置此选项，则允许的最小内存值为 4m（4 兆字节）。

- --memory-swap：容器可以使用的交换分区大小，必须在设置了物理内存限制的前提才能设置交换分区的大小。
- --memory-swappiness：设置容器使用交换分区的倾向性，值越高表示越倾向于使用 swap 分区，范围为 0~100，0 为能不用就不用，100 为能用就用。
- --kernel-memory：容器可以使用的最大内核内存量，最小为 4m，由于内核内存与用户空间内存隔离，无法与用户空间内存直接交换，因此内核内存不足的容器可能会阻塞宿主机资源，这会对主机和其他容器或者其他服务进程产生影响，因此不要设置内核内存大小。
- --memory-reservation：允许指定小于--memory 的软限制，当 Docker 检测到主机上的争用或内存不足时便会激活该限制。如果使用--memory-reservation，则必须将它设置为低于--memory 才能使其优先。因为它是软限制，所以不能保证容器不超过限制。
- --oom-kill-disable：默认情况下，发生 OOM 时，kernel 会杀死容器内进程，但是可以使用--oom-kill-disable 参数禁止 OOM 发生在指定的容器上，即仅在已设置-m/-memory 选项的容器上禁用 OOM；如果-m 参数未配置，那么产生 OOM 时，主机为了释放内存还是会杀死系统进程。

其中，swap 限制的是--memory-swap，只有在设置了--memory 后才会有意义。使用 swap 可以让容器将超出限制部分的内存置换到磁盘上，但经常将内存交换到磁盘上会降低性能。

不同的--memory-swap 设置会产生不同的效果：

- --memory-swap 值为正数，那么--memory 和--memory-swap 都必须设置，--memory-swap 表示能使用的内存和 swap 分区大小的总和。例如：--memory=300m,--memory-swap=1g，那么该容器能够使用 300m 内存和 700m swap 分区，即--memory 是实际物理内存大小值不变，而 swap 的实际大小计算方式为：(--memory-swap) - (--memory)=容器可用 swap。
- --memory-swap 设置为 0，则忽略该设置，并将该值视为未设置，即未设置交换分区。
- --memory-swap 等于--memory 的值，并且--memory 设置为正整数，则容器无权访问 swap，即也没有设置交换分区。
- --memory-swap 设置为 unset，如果宿主机开启了 swap，则实际容器的 swap 值为 2*(--memory)，即两倍于物理内存大小，但是并不准确（在容器中使用 free 命令所看到的 swap 空间并不精确，毕竟每个容器都可以看到具体大小，但是宿主机的 swap 是有上限的）。
- --memory-swap 设置为-1，如果宿主机开启了 swap，则容器可以使用主机上 swap 的最大空间。

对内存限制之后，可以进行有效性验证。假设一个容器未做内存限制，则该容器可以利用系统内存的最大空间，默认创建的容器没有做内存资源限制。

```
docker pull hello-world
$ docker run -it --rm hello-world -ng --help #查看帮助信息
```

1. 内存大小硬限制

启动两个工作进程，每个工作进程最大允许使用 256M 内存，且宿主机不限制当前容器的最大内存：

```
docker run -it --name stree1 --rm lorel/docker-stress-ng -vm 2 --vm-bytes 256M
docker stats
CONTAINER ID    NAME     CPU %     MEM USAGE / LIMIT    MEM %    NET I/O    BLOCK I/O    PIDS
0813fad23ffa    stree1   198.66%   514.3MiB / 992MiB    51.84%   648B / 0B  414kB / 0B   5
```

接着宿主机限制容器的最大内存使用：

```
docker run -it --name stree1 --memory 256m --rm lorel/docker-stress-ng -vm 2 --vm-bytes 256M
# 启动过程中会出现以下报错信息，由于两个工作进程启动所需的内存超过宿主机限制，所以一直会出现 OOM，容器进程会一直被 kill
stress-ng: debug: [7] stress-ng-vm: child died: 9 (instance 0)
stress-ng: debug: [7] stress-ng-vm: assuming killed by OOM killer, restarting again (instance 0)
stress-ng: debug: [8] stress-ng-vm: child died: 9 (instance 1)
docker stats # 可以看到此时的 USAGE / LIMIT
CONTAINER ID    NAME     CPU %     MEM USAGE / LIMIT    MEM %    NET I/O    BLOCK I/O    PIDS
b630e0e65af5    stree1   177.26%   145.4MiB / 256MiB    56.81%   648B / 0B  246kB / 0B   5
```

宿主机 cgroup 验证：

```
cat /sys/fs/cgroup/memory/docker/容器ID/memory.limit_imen_bytes
268435456  #宿主机基于 cgroup 对容器进行内存资源的大小限制
```

注意：通过 echo 命令可以修改内存限制的值，但是只可以在原基础之上增大内存限制，缩小内存限制会报错（write error: Device or resource busy）。

2. 内存大小软限制

使用 --memory-reservation，命令如下：

```
docker run -it --memory 256m --name stree1 --memory-reservation 127m --rm lorel/docker-stress-ng -vm 2 --vm-bytes 256M
```

宿主机 cgroup 验证：

```
cat /sys/fs/cgroup/memory/docker/容器ID/memory.soft_limit_in_bytes
134217728  #返回的软限制结果
```

3. 关闭 OOM 限制

```
docker run -it --memory 257m --name stree1 --oom-kill-disable --rm
```

```
lorel/docker-stress-ng -vm 2 --vm-bytes 256M
```

```
ocker stats  # 此时可以看到容器进程不会因为 OOM 而被 kill
CONTAINER ID    NAME     CPU %    MEM USAGE / LIMIT    MEM %     NET I/O      BLOCK I/O    PIDS
0a865e5ac776    stree1   0.00%    257MiB / 257MiB      100.00%   648B / 0B    377kB / 0B   5
cat /sys/fs/cgroup/memory/docker/容器 ID/memory.oom_control
oom_kill_disable 1
under_oom 1
```

4. 交换分区限制

```
docker run -it --rm -m 256m --memory-swap 512m centos bash
```

宿主机 cgroup 验证：

```
cat /sys/fs/cgroup/memory/docker/容器 ID/memory.memsw.limit_in_bytes
536870912  #返回值
```

部署 Kubernetes 时，如果宿主机开启交换分区，那么会在安装之前的预检查环节提示相应的错误信息。

7.2.3 容器的 CPU 限制

一个宿主机只有几十个核的 CPU，但是宿主机上可以同时运行成百上千个不同的进程以处理不同的任务，多进程共用一个 CPU 的核心依赖计数，像 CPU 这样的资源就被称作可压缩资源，即一个核心的 CPU 可以通过调度而运行多个进程，但是同一个单位时间内只能有一个进程在 CPU 上运行。那么这么多的进程怎么在 CPU 上执行和调度的呢？

首先看看服务器资源密集型场景，它可以分为以下两类：

- CPU 密集型的非交互式场景：优先级越低越好，计算密集型任务的特点是要进行大量的计算，消耗 CPU 资源，比如计算圆周率、数据处理、对视频进行高清解码等等，全靠 CPU 的运算能力。
- IO 密集型的交互式场景：优先级越高越好，涉及网络、磁盘 IO 的任务都是 IO 密集型任务，这类任务的特点是 CPU 消耗很少，任务的大部分时间都在等待 IO 操作完成（因为 IO 的速度远远低于 CPU 和内存的速度），比如 Web 应用，对于高并发、数据量大的动态网站来说，数据库应该为 IO 密集型。

交互式任务通常会重度依赖 I/O 操作（如 GUI 应用），并且通常用不完分配给它的时间片。而非交互式任务（如数学运算）则需要使用更多的 CPU 资源，它们通常会在用完自己的时间片之后被抢占，并不会被 I/O 请求频繁阻塞。调度策略就需要均衡这两种类型的任务，并且保证每个任务都能得到足够的执行资源，而不会对其他任务产生明显的性能影响。为了保证 CPU 利用率最大化，同时又能保证更快的响应时间，倾向于为非交互式任务分配更大的时间片，但是以较低的频率运行它们；而针对 I/O 密集型任务，则会在较短周期内频繁地执行。

Linux kernel 进程的调度基于完全公平调度（Completely Fair Scheduler，CFS）。实现了一个基于权重的公平队列算法，从而将 CPU 时间分配给多个任务，每个任务都有一个关联的虚拟运行时间 vruntime，表示一个任务所使用的 CPU 时间除以其优先级得到的值。相同优先级和相同 vruntime 的两个任务实际运行的时间也是相同的，这就意味着 CPU 资源是由它们均分了。为了保证所有任务能够公平推进，每当需要抢占当前任务时，CFS 总会挑选出 vruntime 较小的那个任务来运行。

```
# 磁盘的调度算法
cat /sys/block/sda/queue/scheduler
noop [deadline] cfq
```

默认情况下，每个容器对主机 CPU 周期的访问权限是不受限制的，但是我们可以设置各种约束来限制给定容器访问主机的 CPU 周期，大多数用户使用的是默认的 CFS 调度方式。在 Docker 1.13 及更高版本中，还可以配置实时优先级。

参数如下：

- --cpus: 指定容器可以使用多少可用的 CPU 资源，例如，如果主机有两个 CPU，并且设置了--cpus ="1.5"，那么该容器将保证最多可以访问 1.5 个 CPU(如果是 4 核 CPU，那么还可以是 4 个核心上每核用一点，但是总计是 1.5 核心的 CPU)，这相当于设置 --cpu-period ="100000"和--cpu-quota="150000"。--cpus 主要在 Docker 1.13 和更高版本中使用，目的是替代--cpu-period 和--cpu-quota 两个参数，从而使配置更简单，但是最大不能超出宿主机 CPU 的总核心数。

```
docker run -it --rm --cpus 2 centos bash
docker: Error response from daemon: Range of CPUs is from 0.01 to 1.00, as there are only 1 CPUs available.
See 'docker run --help'. #分配给容器的 CPU 超出了宿主机 CPU 总数
```

了解了 CPU 限制机制之后，可以对 CPU 限制进行测试。

1. 未限制容器 CPU

对于一台 2 核的服务器，如果不做限制，容器会把宿主机的 CPU 全部占完：

```
#分配 2 核 CPU 并启动 2 个工作线程
docker run -it --rm --name magedu-c1 lorel/docker-stress-ng --cpu 2 --vm 2
```

在宿主机使用 dokcer stats 命令查看容器运行状态：

```
#容器运行状态:
docker stats
CONTAINER ID   NAME     CPU %     MEM USAGE / LIMIT   MEM %    NET I/O    BLOCK I/O    PIDS
186306fafa33   stress1  195.97%   582.2MiB / 992MiB   58.69%   648B / 0B  307kB / 0B   7
```

在宿主机查看 CPU 限制参数：

```
cat /sys/fs/cgroup/cpuset/docker/容器ID/cpuset.cpus
0-1
```

宿主机 CPU 利用率：

```
top - 14:03:05 up  3:41,    2 users,    load average: 3.98,    2.25,          1.00
Tasks:130 total,            5 running,  125 sleeping,          0 stopped,     0 zombie
%Cpu0:100.0 us,   0.0 sy,   0.0 ni,     0.0 id,   0.0 wa,      0.0 hi,  0.0 si,  0.0 st
%Cpu1:99.7 us,    0.3 sy,   0.0 ni,     0.0 id,   0.0 wa,      0.0 hi,  0.0 si,  0.0 st
KiB Mem:1015844 total,      157360 free,  692156 used,         166328 buff/cache
KiB Swap:0 total,           0 free,       0 used.              157200 avail Mem


  PID USER      PR  NI    VIRT    RES    SHR S  %CPU %MEM     TIME+ COMMAND
18003 root      20   0  268400 262244    296 R  49.8 25.8   1:54.42 stress-ng-vm
17998 root      20   0    6900   2096    268 R  49.5  0.2   1:54.64 stress-ng-cpu
18000 root      20   0    6900   2096    268 R  49.5  0.2   1:54.53 stress-ng-cpu
18002 root      20   0  268400 262244    296 R  49.5 25.8   1:54.63 stress-ng-vm
```

2. 限制容器 CPU

只给容器分配最多 1 核宿主机 CPU 利用率：

```
docker run -it--rm--name stress1--cpus 1 lorel/docker-stress-ng--cpu 2--vm 2
```

宿主机 cgroup 验证：

```
cat /sys/fs/cgroup/cpu,cpuacct/docker/容器ID/cpu.cfs_quota_us
100000
```

每核心 CPU 会按照 1000 为单位转换成百分比进行资源划分，2 个核心的 CPU 就是 2000/1000=200%，4 个核心 4000/1000=400%，以此类推。

当前容器状态：

```
# 容器运行状态
docker stats
CONTAINER ID   NAME     CPU %     MEM USAGE / LIMIT    MEM %    NET I/O     BLOCK I/O    PIDS
b1206e802e6b   stress1  102.00%   582.2MiB / 992MiB    58.69%   648B / 0B   385kB / 0B   7
```

宿主机 CPU 利用率：

```
top - 14:14:18 up  3:52,   2 users,   load average: 2.78, 2.20, 1.62
Tasks: 129 total,           5 running, 124 sleeping,    0 stopped,   0 zombie
%Cpu0 : 51.2 us,  0.0 sy,  0.0 ni, 48.8 id,  0.0 wa,  0.0 hi,  0.0 si,  0.0 st
%Cpu1 : 50.3 us,  0.0 sy,  0.0 ni, 49.3 id,  0.0 wa,  0.0 hi,  0.3 si,  0.0 st
KiB Mem : 1015844 total,   165048 free,   685704 used,   165092 buff/cache
```

```
KiB Swap:         0 total,        0 free,        0 used.    164844 avail Mem

  PID USER      PR  NI    VIRT    RES    SHR S  %CPU %MEM     TIME+ COMMAND
18239 root      20   0    6900   2076    248 R  25.2  0.2   1:55.44 stress-ng-cpu
18241 root      20   0  268400 262192    244 R  25.2 25.8   1:55.42 stress-ng-vm
18237 root      20   0    6900   2076    248 R  24.9  0.2   1:55.33 stress-ng-cpu
18242 root      20   0  268400 262192    244 R  24.9 25.8   1:55.09 stress-ng-vm
```

注意：CPU 资源限制是将分配给容器的 1 核分配到了宿主机的每一核 CPU 上，也就是容器的总 CPU 值是在宿主机的每一核 CPU 上都分配了部分比例。

3. 将容器运行到指定的 CPU 上

```
$ docker run -it --rm --name stress1 --cpus 1 --cpuset-cpus 0 lorel/docker-stress-ng --cpu 2 --vm 2
$ cat /sys/fs/cgroup/cpuset/docker/容器ID/cpuset.cpus
0
```

容器运行状态：

```
$ docker stats
CONTAINER ID   NAME      CPU %     MEM USAGE / LIMIT    MEM %    NET I/O     BLOCK I/O     PIDS
59370d489a91   stress1   100.50%   518.2MiB / 992MiB    52.24%   648B / 0B   319kB / 0B    7
```

宿主机 CPU 利用率：

```
top - 14:20:45 up 3:59,  2 users,  load average: 4.01, 2.73, 1.98
Tasks: 131 total,   5 running, 126 sleeping,   0 stopped,   0 zombie
%Cpu0 :100.0 us,  0.0 sy,  0.0 ni,  0.0 id,  0.0 wa,  0.0 hi,  0.0 si,  0.0 st
%Cpu1 :  0.0 us,  0.3 sy,  0.0 ni, 99.3 id,  0.0 wa,  0.0 hi,  0.3 si,  0.0 st
KiB Mem :  1015844 total,   128828 free,   690948 used,   196068 buff/cache
KiB Swap:        0 total,        0 free,        0 used.   159620 avail Mem

  PID USER      PR  NI    VIRT    RES    SHR S  %CPU %MEM     TIME+ COMMAND
18491 root      20   0  268400 262152    208 R  25.2 25.8   0:38.27 stress-ng-vm
18492 root      20   0  268400 262152    208 R  25.2 25.8   0:38.26 stress-ng-vm
18487 root      20   0    6896   2048    228 R  24.8  0.2   0:38.26 stress-ng-cpu
18489 root      20   0    6896   2048    228 R  24.8  0.2   0:38.26 stress-ng-cpu
```

4. 基于 cpu-shares 对 CPU 进行切分

启动两个容器 stress1 和 stress2，stress1 的 --cpu-shares 值为 1000，stress2 的 --cpu-shares 值为 500。观察最终效果，--cpu-shares 值为 1000 的 stress1 的 CPU 利用率基本是 --cpu-shares 值为 500 的 stress2 的 2 倍：

```
$ docker run -it --rm --name stress1 --cpu-shares 1000 lorel/docker-stress-ng --cpu 2 --vm 2
$ docker run -it --rm --name stress2 --cpu-shares 500 lorel/docker-stress-ng --cpu 2 --vm 2
```

验证容器运行状态：

```
$ docker stats
CONTAINER ID    NAME      CPU %     MEM USAGE / LIMIT    MEM %     NET I/O      BLOCK I/O     PIDS
93c3ceaee639    stress2   56.60%    347.9MiB / 992MiB    35.07%    648B / 0B    26.8MB / 0B   7
d9923d15d05e    stress1   104.21%   173.6MiB / 992MiB    17.50%    648B / 0B    70.6MB / 0B   7
```

宿主机 cgroup 验证：

```
$ cat /sys/fs/cgroup/cpu,cpuacct/docker/容器ID/cpu.shares
1000
$ cat /sys/fs/cgroup/cpu,cpuacct/docker/容器ID/cpu.shares
500
```

--cpu-shares 的值可以在宿主机 cgroup 中动态修改，修改完成后立即生效，其值可以调大也可以调小：

```
# 将 stress2 的 CPU shares 设置为 2000
$ echo 2000 > /sys/fs/cgroup/cpu,cpuacct/docker/容器ID/cpu.shares
```

验证修改后的容器运行状态：

```
$ docker stats
CONTAINER ID    NAME      CPU %     MEM USAGE / LIMIT    MEM %     NET I/O      BLOCK I/O     PIDS
93c3ceaee639    stress2   131.96%   262.1MiB / 992MiB    26.43%    648B / 0B    244MB / 0B    7
d9923d15d05e    stress1   67.24%    262.4MiB / 992MiB    26.45%    648B / 0B    370MB / 0B    7
```

7.3 容器的底层技术

所有的可运行的容器运行在宿主机系统的内核之上，但是锁定在自己的运行环境中，与主机以及其他容器的运行环境是隔离的。Docker底层的两个核心技术分别是Cgroup和Namespace，并且使用了一系列Linux内核提供的特性来实现容器的基本功能，包含命名空间、群组控制、联合文件系统以及LXC等特性。

7.3.1 Cgroup

Cgroup是Controlgroups的缩写，即群组控制技术。Docker使用群组控制技术来管理可利用的资源，其主要具有对共享资源进行分配、限制、审计及管理等，例如可以为每个容器分配固定的CPU、内存以及I/O等资源。群组控制特性使得容器能在物理机上互不干扰地运行，并且平等使用物理资源。

Cgroup是由Linux内核提供的限制、记录和隔离进程组所使用的物理资源的机制。Cgroup中的重要概念是“子系统”，也就是资源控制器，每种子系统就是一个资源的分配器，例如CPU子系统是控制CPU时间分配的。先挂载子系统，然后才有Cgroup，例如先挂载memory子系统，然后在memory限制的子系统中创建一个Cgroup节点，在这个节点中，写入需要控制的进程ID，并且写入控制的属性写入，这就完成了内存的资源限制。在很多领域Cgroup可以取代虚拟化技术分割资源。Cgroup默认有诸多资源组（cpu、mem、iops等），可以限制几乎所有服务器上的资源。例如：

- CPU：/sys/fs/cgroup/cpu/docker。
- 内存：/sys/fs/cgroup/memory/docker。
- 磁盘IO：/sys/fs/cgroup/blkio/docker。

当运行一个容器时，Linux系统（宿主机）就会为这个容器创建一个cgroup目录，并以容器长ID命名，如图7-1所示。

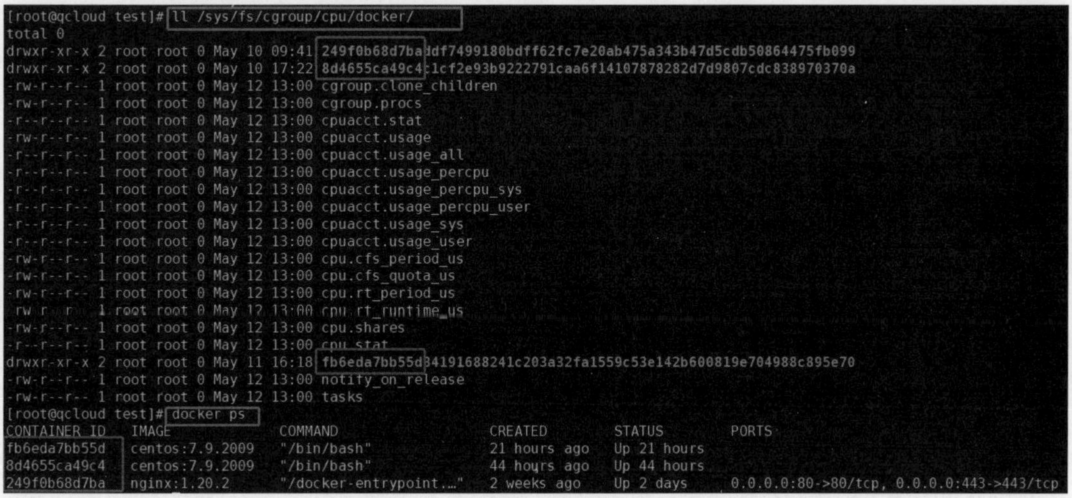

```
[root@qcloud test]# ll /sys/fs/cgroup/cpu/docker/
total 0
drwxr-xr-x 2 root root 0 May 10 09:41 249f0b68d7baddf7499180bdff62fc7e20ab475a343b47d5cdb50864475fb099
drwxr-xr-x 2 root root 0 May 10 17:22 8d4655ca49c4c1cf2e93b9222791caa6f14107878282d7d9807cdc838970370a
-rw-r--r-- 1 root root 0 May 12 13:00 cgroup.clone_children
-rw-r--r-- 1 root root 0 May 12 13:00 cgroup.procs
-r--r--r-- 1 root root 0 May 12 13:00 cpuacct.stat
-rw-r--r-- 1 root root 0 May 12 13:00 cpuacct.usage
-r--r--r-- 1 root root 0 May 12 13:00 cpuacct.usage_all
-r--r--r-- 1 root root 0 May 12 13:00 cpuacct.usage_percpu
-r--r--r-- 1 root root 0 May 12 13:00 cpuacct.usage_percpu_sys
-r--r--r-- 1 root root 0 May 12 13:00 cpuacct.usage_percpu_user
-r--r--r-- 1 root root 0 May 12 13:00 cpuacct.usage_sys
-r--r--r-- 1 root root 0 May 12 13:00 cpuacct.usage_user
-rw-r--r-- 1 root root 0 May 12 13:00 cpu.cfs_period_us
-rw-r--r-- 1 root root 0 May 12 13:00 cpu.cfs_quota_us
-rw-r--r-- 1 root root 0 May 12 13:00 cpu.rt_period_us
-rw-r--r-- 1 root root 0 May 12 13:00 cpu.rt_runtime_us
-rw-r--r-- 1 root root 0 May 12 13:00 cpu.shares
-r--r--r-- 1 root root 0 May 12 13:00 cpu.stat
drwxr-xr-x 2 root root 0 May 11 16:18 fb6eda7bb55d34191688241c203a32fa1559c53e142b600819e704988c895e70
-rw-r--r-- 1 root root 0 May 12 13:00 notify_on_release
-rw-r--r-- 1 root root 0 May 12 13:00 tasks
[root@qcloud test]# docker ps
CONTAINER ID   IMAGE             COMMAND                  CREATED        STATUS         PORTS
fb6eda7bb55d   centos:7.9.2009   "/bin/bash"              21 hours ago   Up 21 hours
8d4655ca49c4   centos:7.9.2009   "/bin/bash"              44 hours ago   Up 44 hours
249f0b68d7ba   nginx:1.20.2      "/docker-entrypoint.…"   2 weeks ago    Up 2 days      0.0.0.0:80->80/tcp, 0.0.0.0:443->443/tcp
```

图7-1 cgroup

该长 ID 目录下有一个 cpu.shares 文件，其值为默认值，或者是在运行容器时指定的值，如图 7-2 所示。

图 7-2　cpu.shares 文件内容

7.3.2　Namespace

在 Docker 中，每个容器都有自己独立的一套完整资源，包括网卡设备、文件系统等。而实现这一技术的正是 Namespace，Namespace 管理宿主机中全局唯一资源，并可以让每个容器都觉得只有自己在使用它。其实也就是 Namespace 实现了容器间资源的隔离。也可以类比 Kubernetes 的 Namespace，在 Kubernetes 中，Namespace 可实现权限划分、资源访问等。

Namespace 的作用是为容器提供进程间隔离的技术，每个容器都有独立的运行空间，以及为每个容器提供不同的主机名。Namespace 可以保证不同的容器之间不会相互干扰，每个容器都像是一个独立空间且有可使用的系统。利用 Namespace 提供了一个隔离层，每一个应用服务都是在它们自己的命名空间中运行，而且不会访问命名空间之外的资源。

Linux 使用了 6 种 Namespace，分别是：Mount、UTS、IPC、PID、Network 和 User，以下分别进行介绍。

1. Mount Namespace

Mount Namespace 简称 mnt Namespace。该 Namespace 可让容器拥有自己独立的文件系统，比如容器有自己的/目录，可实现相关的挂载操作，当然这些操作并不会影响宿主机及其他容器。

通过 mnt Namespace 可以将一个进程放到一个特定的目录执行。mnt Namespace 允许不同 Namespace 的进程看到的文件结构不同，这样每个 Namespace 中的进程所看到的文件目录就被隔离开了。与 chroot 不同的是，每个 Namespace 中的 container 在/proc/mounts 的信息只包含所在 Namespace 的 mount point 上。

2. UTS Namespace

简单地说，UTS Namespace 让容器有自己的主机名。

UTS Namespace 可让容器拥有自己独立的主机名和域名，例如在运行容器时通过-h 指定主机名，使它在网络上可以被视作一个独立的节点，而不是主机上的一个进程。默认情况下，容器的主机名是它的短 ID，可以通过-h 或--hostname 参数设置，例如：

```
docker run -it -h rab
# 其中 rab 就是该容器的主机名
```

3. IPC Namespace

IPC Namespace 让容器拥有自己的共享内存和信号量，来实现进程间的通信，而不会与宿主机及其他容器混在一起。

容器中进程交互还是采用 Linux 常见的进程间交互方法（Inter Process Communication，IPC），包括常见的信号量、消息队列和共享内存。然而与 VM 不同的是，容器的进程间交互实际上还是 Host 上具有相同 PID Namespace 中的进程间交互，因此需要在 IPC 资源申请时加入 Namespace 信息，每个 IPC 资源有一个唯一的 32 位 ID。

4. PID Namespace

PID Namespace 让容器拥有自己独立的一套 PID，每个容器都是以进程的形式在宿主机中运行。

不同的用户进程通过 PID Namespace 隔离开，且不同 Namespace 可以有相同的 PID。PID Namespace 具有以下特点：

- 每个 Namespace 中的 PID 是自己 PID=1 的进程。
- 每个 Namespace 中的进程只能影响同一个 Namespace 中的进程，或者子 Namespace 中的进程。

注意：每个容器拥有自己独立的一套 PID，但容器中为 1 的 PID 并不是宿主机的 init 进程，因为容器与宿主机 Host 的 PID 是完全隔离且完整独立的。

5. Network Namespace

Network Namespace 简称 net Namespace。net Namespace 让容器拥有自己独立的网卡设备、路由等资源，同样与宿主机的 Network 是完全隔离且完整独立的。

网络隔离是通过 net Namespace 实现的，每个 net Namespace 有独立的 network devices、IP addresses、IP routing tables、/proc/net 目录。这样每个容器的网络就能隔离开来。Docker 默认采用 veth 的方式将容器中的虚拟网卡与宿主机上的一个 Docker Bridge 连接在一起。

6. User Namespace

User NameSpace 主要隔离了安全相关的标识符和树形，比如用户 ID、用户组 ID、root 目录、秘钥等。一个进程的用户 ID 和组 ID 在 User NameSpace 内外可以不同，在该 User NameSpace 外，它是一个非特权的用户 ID，而在此命名空间内，进程可以使用 0 作为用户 ID，且具有完全的特殊权限。

User Namespace 让容器拥有自己独立的用户空间，同样与宿主机的 User 是完全隔离且完整独立的。

7.3.3 联合文件系统（AUFS）

联合文件系统是一个分层的轻量级且高性能的文件系统，Docker 使用该文件系统叠加分层地构造容器。Docker 可以使用很多种类的文件系统，包括 AUFS、btrfs、vfs 以及 DeviceMapper 等。正是具有构建 Docker 镜像基础的 AUFS 文件系统，将具有不同文件系统结构的镜像层进行叠加挂载，让它们看上去就像是一个文件系统。

7.3.4 LXC

LXC 目标是提供一个共享宿主机内核的系统级虚拟化方法，在运行时不用重复加载系统内核，并且具有多个容器共享主机一个内核的优势，因此可以提高容器的启动速度，并且大大减少占用主机的物理资源。

第 8 章

应用的容器化

Docker 的核心思想就是将应用整合到容器中,并且能在容器中实际运行。将应用整合到容器中并且运行起来的这个过程称为"容器化"(Containerizing),有时也叫作"Docker 化"(Dockerizing)。容器为应用提供了运行环境,容器能够简化应用的构建、部署和运行过程。

本章主要涉及的知识点有:

- 应用容器化简介。
- 单体应用容器化。
- 生成环境中的多阶段构建。
- 常用的指令。

8.1 应用容器化简介

应用的容器化是指将应用整合到容器中并且运行起来的过程。通过应用容器化,可以简化应用的构建、部署和运行。使用容器化技术也可以让应用程序向云环境的部署变得更为高效。就像容器本身一样,运行容器的操作系统也能够被瘦身。因为容器已经持有应用程序运行所需的大部分依赖,所以这些用于容器的新型宿主机操作系统就不再需要包含所有依赖了。

Docker 提供了一种创建和运行已经在容器中完成配置的应用程序的方法。需要了解的容器化应用的几个相关知识点如下。

1. 容器化应用不是直接在宿主机上运行的应用

运行应用程序的传统方法会将应用程序直接安装到宿主机的文件系统上,并在宿主机上运行。从应用程序的视角来看,它的环境包含宿主机的进程表、文件系统、IPC 设施、网络接口、端口及设备。要让应用程序运行起来,通常需要安装与应用程序搭配的辅助软件包。一般来说,这不是问题,但在有些情况下,例如想在同一个系统上运行相同软件包的不同版本,就可能会引起相关冲突。

应用程序与应用程序之间也会以某种方式发生冲突。如果应用程序是服务，它可能会默认绑定特定的网络端口。在服务启动时，它可能还会读取公共配置文件。这会导致无法在同一宿主机上运行该服务的多个实例，或者至少非常棘手；同时，还会让那些想要绑定到同一端口的其他服务难以运行。

直接在宿主机上运行应用程序还有一个缺点，那就是难以迁移应用程序。如果宿主机需要关机或者应用程序需要更多的计算能力——超出宿主机所能提供的，那么从宿主机上获取所有依赖并将它迁移到另一台宿主机上绝非易事。

2. 容器化应用不是直接在虚拟机上运行的应用

创建虚拟机来运行应用程序能够克服直接在宿主机操作系统上运行应用程序所具有的缺点。虽然虚拟机位于宿主机上，但它作为独立的操作系统运行，包括自己的内核、文件系统、网络接口等。这样可以很容易地将几乎所有的东西都保存在独立于宿主机的操作系统中。

因为虚拟机是独立的实体，所以不会出现直接在硬件上运行应用程序所产生的缺乏灵活性的弊端。可以在宿主机上启动 10 个不同的虚拟机来运行应用程序 10 次。虽然每个虚拟机上的服务监听了同一个端口号，但是因为每个虚拟机拥有不同的 IP 地址，所以并不会引起冲突。

同样地，如果需要关闭宿主机，可以将虚拟机迁移到其他宿主机上（如果虚拟化环境支持迁移），或者直接关闭虚拟机并在新宿主机上再次启动它。

一个虚拟机运行一个应用程序实例的缺点是耗费资源。应用程序可能只需要几兆字节磁盘空间来运行，但是整个虚拟机却要耗费许多吉字节的空间。再者，虚拟机的启动时间和 CPU 占用肯定会比应用程序自身所消耗的高得多。

容器提供了另一种在宿主机上或虚拟机内直接运行应用程序的方式，这种方式能使应用程序更快、可移植性更好，并且更具有可扩展性。

完整的应用容器化过程主要分为以下几个步骤：

步骤 01 编写应用代码。
步骤 02 创建 Dockerfile 文件，其中包括对当前应用的描述、依赖以及该如何运行当前应用。
步骤 03 对该 Dockerfile 执行 docker image build 命令。
步骤 04 等待 Docker 将应用程序构建到 Docker 镜像中。

一旦应用容器化完成，即应用被打包为一个 Docker 镜像，就能以镜像的形式交付并以容器的方式运行了。

8.2 单体应用容器化

本节通过一个简单的示例来讲解单体应用容器化。具体步骤如下：

步骤 01 获取应用代码。
步骤 02 分析 Dockerfile。

步骤03 构建应用镜像。
步骤04 运行应用。
步骤05 测试应用。
步骤06 容器应用化细节。

首先，创建一个名为 psweb 的文件夹：

```
psweb$ ls -l
总用量 28
-rw-rw-r-- 1 lhf lhf  341 07月 30 23:11 app.js
-rw-rw-r-- 1 lhf lhf  216 07月 30 23:11 circle.yml
-rw-rw-r-- 1 lhf lhf  338 07月 30 23:11 Dockerfile
-rw-rw-r-- 1 lhf lhf  421 07月 30 23:11 package.json
-rw-rw-r-- 1 lhf lhf  370 07月 30 23:11 README.md
drwxrwxr-x 2 lhf lhf 4096 07月 30 23:11 test
drwxrwxr-x 2 lhf lhf 4096 07月 30 23:11 views
```

该目录包含应用的代码，以及界面和单元测试的子目录。

接下来，对 Dockerfile 文件进行分析。在 Docker 中，包含应用文件的目录被称为构建上下文。将 Dockerfile 放在构建上下文的根目录下。

查看 Dockerfile 文件内容：

```
psweb$ cat Dockerfile
# Linux x64
FROM alpine
LABEL maintainer="nigelpoulton@hotmail.com"
# 安装 Node 和 NPM
RUN apk add --update nodejs nodejs-npm
# 复制到/src 文件夹
COPY . /src
WORKDIR /src
# 安装依赖
RUN  npm install
EXPOSE 8080
```

Dockerfile 文件的用途主要是对当前应用进行描述，指定 Docker 完成应用的容器化。下面具体分析 Dockerfile 里面每一步的具体作用：

```
FROM alpine
```

FROM 指令指定镜像，作为当前镜像的一个基础镜像层。

```
LABEL maintainer="nigelpoulton@hotmail.com"
```

通过标签 LABEL 指定当前镜像的维护者。

```
RUN apk add --update nodejs nodejs-npm
```

使用 alpine 的 apk 包管理器将 nodejs 和 nodejs-npm 安装到当前镜像中。RUN 指令会在 FROM 指定的 alpine 基础镜像之上新建一个镜像层来存储安装内容。每个 RUN 指令创建一个新的镜像层。

```
COPY . /src
```

将相关文件从构建上下文中复制到当前镜像中,并新建一个镜像来存储。

```
WORKDIR /src
```

Dockerfile 通过 WORKDIR 指令为 Dockerfile 中尚未执行的指令设置工作目录。

```
RUN npm install
```

根据 packeage.json 中的配置文件,使用 npm 来安装应用的相关依赖,在镜像中新建镜像层来保存依赖文件。

```
EXPOSE 8080
```

EXPOSE 8080 指令用来完成相应端口的设置,这个配置信息会作为镜像的元数据被保存下来。

```
ENTRYPOINT ["node", "./app.js"]
```

ENTRYPOINT 指令来指定当前镜像的入口程序。

使用如下命令,生产一个名为 web:latest 的镜像,命令中最后的 "." 表示 Docker 在进行构建的时候,使用当前目录作为构建的上下文:

```
psweb$ docker image build -t web:latest .
```

查看构建的 Web 镜像:

```
psweb$ docker image ls
REPOSITORY                          TAG       IMAGE ID       CREATED              SIZE
web                                 latest    983497a6f68f   About a minute ago   71.4MB
alpine                              latest    965ea09ff2eb   5 days ago           5.55MB
ubuntu                              latest    cf0f3ca922e0   8 days ago           64.2MB
nigelpoulton/pluralsight-docker-ci  latest    07e574331ce3   4 years ago          557MB
```

创建一个镜像之后,可以将该镜像保存到镜像仓库中。

登录 Docker Hub:

```
psweb$ docker login
Login with your Docker ID to push and pull images from Docker Hub. If you don't
have a Docker ID, head over to https://hub.docker.com to create one.
Username: tddocker
```

```
Password:

Login Succeeded
```

Docker 在镜像推送中需要三个信息：

- Registry：镜像仓库服务。
- Repository：镜像仓库。
- Tag：镜像标签。

Docker 默认 Registry=docker.os、Tag=latest，而 Repositiry 没有默认值。

使用如下命令为镜像重新打标签：

```
psweb$ docker image tag web:latest tddocker/web:latest
psweb$ docker image ls
REPOSITORY          TAG           IMAGE ID        CREATED          SIZE
web                 latest        983497a6f68f    17 minutes ago   71.4MB
tddocker/web        latest        983497a6f68f    17 minutes ago   71.4MB
alpine              latest        965ea09ff2eb    5 days ago       5.55MB
ubuntu              latest        cf0f3ca922e0    8 days ago       64.2MB
```

将镜像推送到 Docker Hub 上：

```
psweb$ docker image push tddocker/web:latest
The push refers to repository [docker.io/tddocker/web]
682d0d0165f0: Pushed
c49e4ca7e0e1: Pushed
5bffe4c78afd: Pushed
77cae8ab23bf: Mounted from library/alpine
latest: digest:
sha256:6bbab65900a19963b1611db15aa11ddacb1ff03803b716e11372adf23c74c6c5 size: 1159
```

8.3　生成环境中的多阶段构建

Dockerfile 是一个用来构建镜像的文本文件，它包含了一条条指令，大部分指令都对应构建镜像。在镜像构建时需要基于一个基础镜像，这个基础镜像通过 FROM 指令来引入。

当镜像构建过程需要依赖多个基础镜像时，我们没办法在 FROM 指令中加入多个基础镜像来实现，事实上也没必要在构建的镜像中包含多个基础镜像，因为除了运行时环境基础镜像，其他都只是为编译、打包之类的中间过程服务，在运行时不再需要，因此没必要添加在镜像中增大镜像的大小。此时我们可以使用 Dockerfile 的多阶段构建来实现。

所谓多阶段构建，就是允许一个 Dockerfile 中出现多条 FROM 指令，但只有最后一条 FROM 指令中的基础镜像作为本次构建镜像的基础镜像，其他均只为中间过程服务。每一条 FROM 指令都表示一个构建阶段，多条 FROM 指令就表示多阶段构建，后面的构建阶段可以复制前面构建阶段产生的文件——这也是多阶段构建的意义所在。多阶段构建适用于编译、打包与运行环境分离的场景。

通常来说，构建一个 XXApi 镜像包括以下三步：

步骤01 下载 XXApi 源码。

步骤02 安装依赖，编译。

步骤03 将编译好的文件夹复制到镜像目录。

在步骤 1、2 中，需要 wget、Python、make 等工具来完成，这些工具对 XXApi 程序的运行是非必需的。所以这时可以有两种选择，一种是先在宿主机中完成步骤 1 和 2，然后只在 Dockerfile 中执行步骤 3；另一种是将步骤 1、2、3 都放在 Dockerfile 中执行，在编译完成后，再执行安装工具的清理工作。

两种选择对应的两个问题分别是：

- 宿主机中可能不存在需要的工具或依赖，安装起来很麻烦，且需要手动（或配置自动化程序）执行。
- 程序运行的环境可能跟编译打包的环境要求完全不一样，如 Go 语言程序，编译需要 Golang 环境，而运行则不需要。

采用多阶段构建则可以比较完美地解决以上问题。构建 XXApi 镜像的 Dockerfile 文件内容如下：

```
FROM node:12-alpine as builder
WORKDIR /xxapi
RUN apk add --no-cache wget python make
ENV VERSION=1.9.2
RUN wget https://github.com/YMFE/xxapi/archive/refs/tags/v${VERSION}.zip
RUN unzip v${VERSION}.zip && mv xxapi-${VERSION} vendors
RUN cd /xxapi/vendors && npm install --production --registry https://registry.npm.taobao.org


FROM node:12-alpine
MAINTAINER ronwxy
ENV TZ="Asia/Shanghai"
WORKDIR /xxapi/vendors
COPY --from=builder /xxapi/vendors /xxapi/vendors
RUN mv /xxapi/vendors/config_example.json /xxapi/config.json
EXPOSE 3000
ENTRYPOINT ["node"]
```

在该 Dockerfile 文件中，两条 FROM 指令代表两个阶段的构建，第一阶段完成步骤 1 和 2，在

第二阶段中可以直接使用第一阶段生成的内容。指令如下:

```
COPY --from=builder /xxapi/vendors /xxapi/vendors
```

表示从命名为 builder 的阶段中复制/xxapi/vendors 到当前阶段中。也可以使用以下指令:

```
--from=n
```

表示从第几个阶段中复制内容,n 从 0 开始计算。

COPY--from 除了能从前面的构建阶段中复制内容外,还能直接从已经存在的镜像中复制,这在我们需要依赖其他已存在镜像中的某些内容时非常方便和实用。

8.4 常用的命令

在 Dockerfile 中,指令可以分为以下两种:

- 新增镜像的指令:FROM、RUN、COPY。
- 新增元数据的指令:EXPOSE、WORKDIR、ENV、ENTERPOINT。

Dockerfile 中的这些指令的作用如下:

- FROM 指令:指定构建镜像的一个基础层。
- RUN 指令:在镜像中执行命令,创建新的镜像层。
- COPY 指令:将文件作为新的层添加到镜像中。
- EXPOSR 指令:记录应用所使用的的网络端口。
- ENTRYPOINT 指令:指定镜像以容器的方式启动后默认的运行程序。

应用容器化常用的命令为:

```
docker image build
```

此命令用于构建镜像,读取 Dockerfile 文件,将应用程序容器化。其常用指令选项说明如下:

- --no-cache:默认为 false。设置该指令,将不使用 Build Cache 构建镜像。
- --pull:默认为 false。设置该指令,总是尝试拉取镜像的最新版本。
- --compress:默认为 false。设置该指令,将使用 gzip 压缩构建的上下文。
- --disable-content-trust:默认为 true。设置该指令,将对镜像进行验证。
- --file, -f:Dockerfile 的完整路径,默认值为'PATH/Dockerfile'。
- --isolation:默认--isolation="default",即 Linux 命名空间。其他还有 process 或 hyperv。
- --label:为生成的镜像设置元数据。
- --squash:默认为 false。设置该指令,将新构建出的多个层压缩为一个新层,但是将无法在多个镜像之间共享新层。设置该指令,实际上是创建了新镜像,同时保留原有镜像。
- --tag, -t:镜像的名字及 tag,通常为 name:tag 或者 name 格式;可以在一次构建中为一个镜像设置多个 tag。
- --network：默认为 default。设置该指令，在构建期间为运行指令设置网络模式。
- --quiet, -q：默认为 false。设置该指令，仅输出镜像 ID。
- --force-rm：默认为 false。设置该指令，总是删除中间环节的容器。
- --rm：默认--rm=true，即整个构建过程成功后删除中间环节的容器。

第 9 章

Docker 网络模式

为什么要了解容器的网络模式？首先，容器之间虽然不是物理隔离，但是它们彼此之间默认是不互联互通的，这有助于保持每个容器的纯粹性，相互之间互不影响。其次，既然使用了容器，那么通常情况下，容器需要与宿主机通信，或者 A 容器与 B 容器通信而 B 容器不需要知道 A 容器的存在，或者 A、B 两容器相互通信。

容器与宿主机之间相互通信，就需要容器的网络模式。Docker 有 5 种网络模式，分别为 bridge、host、none、container 和 user-defined，本章主要介绍这 5 种网络模式。

本章主要涉及的知识点有：

- Docker 网络模式简介。
- bridge 网络模式。
- host 网络模式。
- none 网络模式。
- container 网络模式。
- user-defined 网络模式。
- 高级网络配置。

9.1 Docker 网络模式简介

基于对 Network Namespace 的控制，Docker 可以为容器创建隔离的网络环境。在隔离的网络环境下，容器具有完全独立的、与宿主机隔离的网络栈，也可以使容器共享主机或者其他容器的网络命名空间，基本满足开发者在各种场景下的需要。按 Docker 官方的说法，Docker 容器的网络有以下几种模式：

- bridge（默认模式）：此模式会为每一个容器分配、设置 IP 等，并将容器连接到一个 docker0 虚拟网桥，通过 docker0 网桥以及 iptables nat 表配置与宿主机通信。

- host：容器将不会虚拟出自己的网卡、配置自己的 IP，而是直接使用宿主机的 IP 和端口。
- container：创建的容器不会创建自己的网卡、配置自己的 IP，而是和一个指定的容器共享 IP、端口范围。
- none：该模式关闭了容器的网络功能，与宿主机、其他容器都不连通。

安装 Docker 时，会自动创建三个网络（bridge、host、none）。可以使用 docker network ls 命令列出这些网络：

```
docker network ls
NETWORK ID          NAME        DRIVER      SCOPE
c0184302f6a8        bridge      bridge      local
420492e04276        host        host        local
fc5e9b954735        none        null        local
```

在使用 docker run 命令创建 Docker 容器时，可以用--net 选项指定容器的网络模式，几种网络模式的指定方式如下：

- bridge 网络模式：使用--net=bridge 指定，默认设置。
- host 网络模式：使用--net=host 指定。
- none 网络模式：使用--net=none 指定。
- container 网络模式：使用--net=container:NAME_or_ID 指定。

9.2　bridge 网络模式

　　bridge 网络模式是 Docker 默认的网络设置，此模式会为每一个容器分配 Network Namespace、设置 IP 等，并将一个主机上的 Docker 容器连接到一个虚拟网桥上，虚拟网桥会自动处理系统防火墙。bridge 网络模式下容器没有公有 IP，只有宿主机可以直接访问，外部主机是不可见的，但容器通过宿主机的 NAT 规则后可以访问外网。bridge 网络模式如图 9-1 所示。

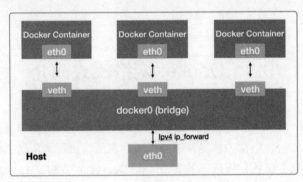

图 9-1　bridge 网络模式

bridge 网络模式的实现步骤如下：

- Docker 守护进程利用 veth pair 技术，在宿主机上创建两个虚拟网络接口设备，假设为 veth0 和 veth1，而 veth pair 技术的特性可以保证无论哪一个 veth 接收到网络报文，都会将报文传输给另一方。
- Docker 守护进程将 veth0 附加到 Docker 守护进程创建的 docker0 网桥上，保证宿主机的网络报文可以发往 veth0。
- Docker 守护进程将 veth1 添加到 Docker 容器所属的命名空间下，并被改名为 eth0。如此一来，保证了宿主机的网络报文若发往 veth0，则立即会被 eth0 接收，实现宿主机到 Docker 容器网络的连通性；同时，也保证了 Docker 容器能单独使用 eth0，实现容器网络环境的隔离性。

当 Docker Server 启动时，会在主机上创建一个名为 docker0 的虚拟网桥，此主机上启动的 Docker 容器会连接到这个虚拟网桥上。虚拟网桥的工作方式和物理交换机类似，这样主机上的所有容器就通过交换机连在了一个二层网络中。接下来就要为容器分配 IP 了，Docker 会从 RFC1918 所定义的私有 IP 网段中选择一个和宿主机不同的 IP 地址和子网分配给 docker0，连接到 docker0 的容器就从这个子网中选择一个未被占用的 IP 使用。比如，一般 Docker 会使用 172.17.0.0/16 这个网段，并将 172.17.42.1/16 分配给 docker0 网桥（在主机上使用 ip addr 命令可以看到 docker0，可以认为它是网桥的管理端口，在宿主机上作为一块虚拟网卡使用）。

启动容器（由于是默认设置，因此这里没指定网络--net=bridge）就可以看到在容器内创建了 eth0：

```
docker run -it -P tomcat /bin/bash
root@89932dew43:/usr/local/tomcat# ip addr
1: lo: <LOOPBACK,UP,LOWER_UP> mtu 65536 qdisc noqueue state UNKNOWN group default qlen 1000
    link/loopback 00:00:00:00:00:00 brd 00:00:00:00:00:00
    inet 127.0.0.1/8 scope host lo
       valid_lft forever preferred_lft forever
    inet6 ::1/128 scope host
       valid_lft forever preferred_lft forever
86: eth0@if87: <BROADCAST,MULTICAST,UP,LOWER_UP> mtu 1500 qdisc noqueue state UP group default link/ether 02:42:ac:11:00:02 brd ff:ff:ff:ff:ff:ff link-netnsid 0
    int 172.17.0.2/16 scope global eth0
       valid_lft forever preferred_lft forever
    inet6 fe80::42:acff:fe11:2/64 scope link
       valid_lft forever preferred_lft forever
```

使用 ping 命令连接宿主机网络发现，容器与宿主机网络是连通的：

```
ping 192.168.72.132
PING 192.168.72.132 (192.168.72.132) 56(84) bytes of data.
64 bytes from 192.168.72.132: icmp_seq=1 ttl=64 time=0.082 ms
```

```
64 bytes from 192.168.72.132: icmp_seq=1 ttl=64 time=0.040 ms
64 bytes from 192.168.72.132: icmp_seq=1 ttl=64 time=0.105 ms
```

eth0 是 veth pair 的一端，另一端（veth945c）连接在 docker0 网桥上：

```
ip addr
1: lo: <LOOPBACK,UP,LOWER_UP> mtu 65536 qdisc noqueue state UNKNOWN group default qlen 1000
    link/loopback 00:00:00:00:00:00 brd 00:00:00:00:00:00
    inet 127.0.0.1/8 scope host lo
       valid_lft forever preferred_lft forever
    inet6 ::1/128 scope host
       valid_lft forever preferred_lft forever
2: ens33: <BROADCAST,MULTICAST,UP,LOWER_UP> mtu 1500 qdisc noqueue state UP group default link/ether 02:42:ac:11:00:02 brd ff:ff:ff:ff:ff:ff link-netnsid 0
    int 172.17.0.2/16 scope global eth0
       valid_lft forever preferred_lft forever
    inet6 fe80::f475:17dd:e215:7eb1/64 scope link  noprefixroute
       valid_lft forever preferred_lft forever
3: docker0: <BROADCAST,MULTICAST,UP,LOWER_UP> mtu 1500 qdisc noqueue state UP group default link/ether 02:42:86:72:陈:45 brd ff:ff:ff:ff:ff:ff
    int 172.17.0.2/16 scope global eth0
       valid_lft forever preferred_lft forever
    inet6 fe80::f475:17dd:e215:7eb1/64 scope link  noprefixroute
       valid_lft forever preferred_lft forever
87: veth945c75@if86: <BROADCAST,MULTICAST,UP,LOWER_UP> mtu 1500 qdisc noqueue state UP group default link/ether 02:42:ac:11:00:02 brd ff:ff:ff:ff:ff:ff link-netnsid 0
    inet6 fe80::f475:17dd:e215:7eb1/64 scope link  noprefixroute
       valid_lft forever preferred_lft forever
```

bridge 模式的缺陷是在该模式下 Docker 容器不具有一个公有 IP，即和宿主机的 eth0 不处于同一个网段。导致的结果是宿主机以外的世界不能直接和容器进行通信的。

虽然 NAT 模式经过中间处理实现了这一点，但是 NAT 模式仍然存在问题与不便，比如：容器均需要在宿主机上竞争端口，容器内部服务的访问者需要使用服务发现来获取服务的外部端口，等等。另外，NAT 模式由于是三层网络上的实现手段，因此肯定会影响网络的传输效率。

9.3 host 网络模式

如果启动容器的时候使用 host 网络模式,那么这个容器将不会获得一个独立的 Network Namespace,而是和宿主机共用一个 Network Namespace。容器将不会虚拟出自己的网卡、配置自己的 IP 等,而是使用宿主机的 IP 和端口,也没有虚拟网桥,需要关闭防火墙外网才能被访问到。host 网络模式如图 9-2 所示。

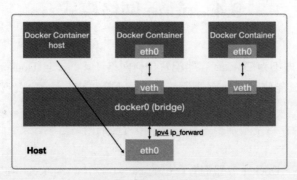

图 9-2 host 网络模式

使用 host 网络模式启动容器:

```
docker un -it -P --net=host tomcat /bin/bash
```

查看网络:

```
/usr/local/tomcat # ip addr
1: lo: <LOOPBACK,UP,LOWER_UP> mtu 65536 qdisc noqueue state UNKNOWN group default qlen 1000
    link/loopback 00:00:00:00:00:00 brd 00:00:00:00:00:00
    inet 127.0.0.1/8 scope host lo
       valid_lft forever prefered_lft forever
    inet6 ::1/128 scope host
       valid_lft forever prefered_lft forever
2: ens33: <BROADCAST,MULTICAST,UP,LOWER_UP> mtu 65536 qdisc noqueue state UNKNOWN group default qlen 1000
    link/loopback 00:00:00:00:00:00 brd 00:00:00:00:00:00
    inct 127.0.0.1/8 scope host lo
       valid_lft forever prefered_lft forever
    inet6 ::1/128 scope host
       valid_lft forever prefered_lft forever
3: docker0: <NO-CARRIER,LOOPBACK,UP,LOWER_UP> mtu 65536 qdisc noqueue state UNKNOWN group default qlen 1000
```

```
    link/loopback 00:00:00:00:00:00 brd 00:00:00:00:00:00
    inet 127.0.0.1/8 scope host lo
       valid_lft forever prefered_lft forever
    inet6 ::1/128 scope host
       valid_lft forever prefered_lft forever
```

9.4　none 网络模式

网络环境为 none，即不为 Docker 容器配置任何网络环境。一旦 Docker 容器采用了 none 网络模式，那么容器内部就只能使用 loopback 网络设备，不会再有其他的网络资源。可以说 none 模式为 Docker 容器做了最少的网络设定。但是俗话说得好，"少即是多"，在没有网络配置的情况下，作为 Docker 开发者才能在这个基础上做其他无限多可能的网络定制开发。这也恰巧体现了 Docker 设计理念的开放。

在 none 网络模式下，Docker 容器拥有自己的 Network Namespace，但是，并不为 Docker 容器进行任何网络配置。也就是说，这个 Docker 容器没有网卡、IP、路由等信息，需要我们自己为 Docker 容器添加网卡、配置 IP 等。

使用--net=none 模式启动容器：

```
docker un -it -P --net=none tomcat /bin/bash
```

查看网络：

```
ip addr
1: lo: <LOOPBACK,UP,LOWER_UP> mtu 65536 qdisc noqueue state UNKNOWN group default qlen 1000
    link/loopback 00:00:00:00:00:00 brd 00:00:00:00:00:00
    inet 127.0.0.1/8 scope host lo
       valid_lft forever prefered_lft forever
    inet6 ::1/128 scope host
       valid_lft forever prefered_lft forever
```

9.5　container 网络模式

container 网络模式是 bridge 和 host 网络模式的合体，优先以 bridge 模式启动第一个容器，后面的所有容器启动时，均指定网络模式为 container，它们均共享第一个容器的网络资源，除了网络资源外，其他资源在容器之间依然是相互隔离的。container 网络模式如图 9-3 所示。

处于 container 模式下的 Docker 容器会共享一个网络栈，使得两个容器之间可以使用 localhost 高效快速通信。

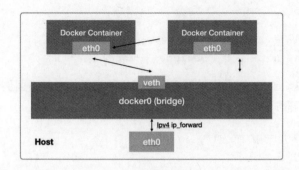

图 9-3 container 网络模式

container 网络模式的实现步骤如下：

步骤 01 查找其他容器（即需要被共享网络环境的容器）的网络命名空间。

步骤 02 将新创建的 Docker 容器（即需要共享其他网络的容器）的命名空间，使用其他容器的命名空间。

Docker 容器的 container 网络模式可以用来更好地服务于容器间的通信。

在这种模式下，Docker 容器可以通过 localhost 来访问命名空间下的其他容器，传输效率较高。虽然多个容器共享网络环境，但是多个容器形成的整体依然与宿主机以及其他容器形成网络隔离。另外，这种模式还节约了一定数量的网络资源。

container 网络模式的缺陷是，它并没有改善容器与宿主机以外世界通信的情况，与 bridge 模式一样，不能连接宿主机以外的其他设备。

9.6 user-defined 网络模式

除了可以直接使用 none、host、bridge、container 这四种模式自动创建网络外，Docker 还有一种非常重要的网络，即 user-defined 网络，用户可以根据业务需要创建 user-defined 网络。

Docker 提供三种 user-defined 网络驱动：bridge、overlay 和 macvlan。其中 overlay 和 macvlan 用于创建跨主机的网络。本节主要介绍如何创建和使用自定义的 bridge 网络。

9.6.1 创建自定义的 bridge 网络

执行如下命令通过 bridge 驱动创建一个类似 Docker 自带的 bridge 网络，网络名称为 my_net：

```
docker network create --driver bridge my_net
```

执行 docker network ls 命令可以看到，my_net 这个自定义网络已经创建成功了：

```
docker network ls
NETWORK ID      NAME       DRIVER    SCOPE
c0184302f6a8    bridge     bridge    local
```

```
420492e04276   host              host      local
fc5e9b954735   none              null      local
106d719f29f5   my_net            bridge    local
```

使用 docker network inspect 命令可以查看这个网络的配置信息，下面例子中的 172.22.0.0/16 是 Docker 自动分配的 IP 网段：

```
docker network inspect my_net
[
    {
        "Name": "my_net",
        "Id": "10d3270d0sd89fkddss89ewe909823785432c6c0f9620",
        "Created": "2022-07-04T16:20:18.5437889+08:00",
        "Scope": "local",
        "EnableIpv6": false,
        "IPAM": {
            "Driver": "default",
            "Options": {},
            "Config": [
                {
                    "Subnet": "172.22.0.0/16",
                    "Gateway": "172.22.0.1"
                }
            ]
        }
    }
]
```

还可以在创建网络时通过 --subnet 和 --gateway 参数来指定 IP 网段：

```
docker network create --driver bridge --subnet 172.22.18.0/24 --gateway 172.22.18.1 my_net2
```

可以看到这个新的 bridge 网络使用的便是我们指定的 IP 网段：

```
docker network inspect my_net2
[
    {
        "Name": "my_net2",
        "Id": "10d3270d0sd89fkddss89ewe909823785432c6c0f9620",
        "Created": "2022-07-04T16:20:18.5437889+08:00",
```

```
            "Scope": "local",
            "EnableIpv6": false,
            "IPAM": {
                "Driver": "default",
                "Options": {},
                "Config": [
                    {
                        "Subnet": "172.22.18.0/24",
                        "Gateway": "172.22.18.1"
                    }
                ]
            }
        }
    ]
```

9.6.2 使用自定义网络

自定义网络已经创建完成，可以在容器内使用自定义网络了，在启动时通过--network 指定即可：

```
docker run -it --network=my_net2 busybox
```

由于 my_net2 网络 IP 网段为 172.22.18.0/24，因此这里可以看到容器分配到的 IP 为 172.22.16.2：

```
docker run -t --network=my_net2 busybox
/ # ifconfig
eth0 Link encap: Ethernet HWaddr 02:42:AC:18:10:02
     inet addr:172.22.16.2 Bcast:172.22.16.255 Mask:255.255.255.0
     UP BROADCAST RUNNING MULTICCAST MTU:1500 Metric:1
     RX packet: 12 errors:0 dropped:0 overruns:0 frame:0
     TX packets:0 erros:0 dropped:0 overruns:0 frame:0 collisions:0 txqueuelen:0
     RX bytes:1021(1.0  KiB) TX bytes:0 (0.0 B)

lo  Link encap:Local Loopback
     inet addr:127.0.0.1 Mask:255.0.0.0
     UP LOOPBACK RUNNING MTU:65536 Metric:1
     RX packet: 12 errors:0 dropped:0 overruns:0 frame:0
     TX packets:0 erros:0 dropped:0 overruns:0 frame:0 collisions:0 txqueuelen:0
     RX bytes:1021(1.0  KiB) TX bytes:0 (0.0 B)
```

可以在容器启动时通过--ip 参数指定一个静态 IP，而不是从 subnet 中自动分配：

```
docker run -it --network=my_net2 --ip 172.22.16.7 busybox
```

注意：只有使用--subnet 参数创建的网络才能指定静态 IP。如果自定义网络创建时没有指定--subnet，那么容器启动时指定静态 IP 就会报错。

可以看到容器已经使用我们指定的 172.22.16.7 这个 IP 了：

```
docker run -it --network=my_net2 --ip 172.22.16.7 busybox
/ # ifconfig
eth0 Link encap: Ethernet HWaddr 02:42:AC:18:10:02
    inet addr:172.22.16.7 Bcast:172.22.16.255 Mask:255.255.255.0
    UP BROADCAST RUNNING MULTICCAST MTU:1500 Metric:1
    RX packet: 12 errors:0 dropped:0 overruns:0 frame:0
    TX packets:0 erros:0 dropped:0 overruns:0 frame:0 collisions:0 txqueuelen:0
    RX bytes:1021(1.0  KiB) TX bytes:0 (0.0 B)

lo  Link encap:Local Loopback
    inet addr:127.0.0.1 Mask:255.0.0.0
    UP LOOPBACK RUNNING MTU:65536 Metric:1
    RX packet: 12 errors:0 dropped:0 overruns:0 frame:0
    TX packets:0 erros:0 dropped:0 overruns:0 frame:0 collisions:0 txqueuelen:0
    RX bytes:1021(1.0  KiB) TX bytes:0 (0.0 B)
```

9.7　高级网络配置

在自定义网络模式中，Docker 提供了三种自定义网络驱动：bridge、overlay 和 macvlan。bridge 驱动类似默认的 bridge 网络模式，但增加了一些新的功能；overlay 和 macvlan 用于创建跨主机网络。

建议使用自定义的网络来控制哪些容器可以相互通信，还可以自动使用 DNS 解析容器名称到 IP 地址。下面介绍如何添加 Docker 的自定义网络。

使用自动分配的 IP 地址和网关地址，添加 bridge 自定义网络：

```
docker network ls
NETWORK ID      NAME         DRIVER    SCOPE
c0184302f6a8    bridge       bridge    local
420492e04276    host         host      local
fc5e9b954735    none         null      local
```

创建自定义网络模式：

```
docker network create my_net1
849345dsdsdds9434390dsker34k4l55j2reo5423dsdsd890

docker network ls
NETWORK ID      NAME           DRIVER    SCOPE
c0184302f6a8    bridge         bridge    local
420492e04276    host           host      local
5423dsdsd890    my_net1        bridge    local
fc5e9b954735    none           null      local
```

使用 docker network inspect my_net1 查看 bridge 自定义网络（自动分配的 IP 地址和网关地址）的信息：

```
docker network inspect my_net1
[
    {
        "Name": "my_net1",
        "Id": "10d3270d0sd89fkddss89ewe909823785432c6c0f9620",
        "Created": "2022-07-04T16:20:18.5437889+08:00",
        "Scope": "local",
        "EnableIpv6": false,
        "IPAM": {
            "Driver": "default",
            "Options": {},
            "Config": [
                {
                    "Subnet": "172.22.18.0/16",
                    "Gateway": "172.22.18.1"
                }
            ]
        }
    }
]
```

使用自定义网络模式创建容器：

```
[root@server1 ~]# docker run -it --name vm1 --network=my_net1 ubuntu  #创建 vm1
root@059d90f560b7:/# ping vm1           #可以发现有关 vm1 的解析
PING vm1 (172.18.0.2) 56(84) bytes of data.
64 bytes from 059d90f560b7 (172.18.0.2): icmp_seq=1 ttl=64 time=0.016 ms
```

```
64 bytes from 059d90f560b7 (172.18.0.2): icmp_seq=2 ttl=64 time=0.028 ms
64 bytes from 059d90f560b7 (172.18.0.2): icmp_seq=3 ttl=64 time=0.026 ms
^C
--- vm1 ping statistics ---
3 packets transmitted, 3 received, 0% packet loss, time 2000ms
rtt min/avg/max/mdev = 0.016/0.023/0.028/0.006 ms
root@059d90f560b7:/# [root@server1 ~]#
[root@server1 ~]# docker run -it --name vm2 --network=my_net1 ubuntu#创建 vm2
root@0776ee82696a:/# ping vm1         #可以发现可以和 vm1 通信
PING vm1 (172.18.0.2) 56(84) bytes of data.
64 bytes from vm1.my_net1 (172.18.0.2): icmp_seq=1 ttl=64 time=0.051 ms
64 bytes from vm1.my_net1 (172.18.0.2): icmp_seq=2 ttl=64 time=0.045 ms
64 bytes from vm1.my_net1 (172.18.0.2): icmp_seq=3 ttl=64 time=0.044 ms
64 bytes from vm1.my_net1 (172.18.0.2): icmp_seq=4 ttl=64 time=0.042 ms
^C
--- vm1 ping statistics ---
4 packets transmitted, 4 received, 0% packet loss, time 2999ms
rtt min/avg/max/mdev = 0.042/0.045/0.051/0.007 ms
```

在自定义网桥上使用自定义的 IP 地址和网关地址，同一网桥上的容器是可以通信的，但必须是在自定义网桥上，默认的 bridge 模式不支持。使用--ip 参数可以指定容器 IP 地址：

```
docker run -it --name vm3 --network my_net2 --ip 172.21.0.10 ubuntu
```

值得注意的是：

- Docker 的 bridge 自定义网络之间默认是有域名解析的。
- Docker 的 bridge 自定义网络与系统自带的网桥之间默认是有解析的。
- Docker 的系统自带的网桥之间默认是没有解析的。

使用自定义网桥创建容器，自定义 IP 地址：

```
docker run -it --name vm3 --network=my_net2 --ip=172.21.0.6 ubuntu
# ip a
1: lo: <LOOPBACK,UP,LOWER_UP> mtu 65536 qdisc noqueue state UNKNOWN group default qlen 1
    link/loopback 00:00:00:00:00:00 brd 00:00:00:00:00:00
    inet 127.0.0.1/8 scope host lo
       valid_lft forever preferred_lft forever
16: eth0@if17: <BROADCAST,MULTICAST,UP,LOWER_UP> mtu 1500 qdisc noqueue state UP group default
    link/ether 02:42:ac:15:00:06 brd ff:ff:ff:ff:ff:ff
```

```
    inet 172.21.0.6/24 brd 172.21.0.255 scope global eth0
       valid_lft forever preferred_lft forever
```

默认使用不同网桥的容器是不可以通信的。

```
ping vm3
PING vm3 (172.21.0.6) 56(84) bytes of data.
64 bytes from 0d6f663916c0 (172.21.0.6): icmp_seq=1 ttl=64 time=0.027 ms
64 bytes from 0d6f663916c0 (172.21.0.6): icmp_seq=1 ttl=64 time=0.040 ms
--- vm3 ping statistics ---
2 packets transmitted, 2received, 0% packet loss, time 999ms
rtt min/avg/max/mdey = 0.025/0.026/0.040/0.005 ms
```

vm1 使用的是 my_net1 网桥，vm3 使用的是 my_net2 网桥，默认是不能通信的。

要使 vm1 和 vm3 通信，可以使用 docker network connect 命令为 vm1 添加一块 my_net2 的网卡：

```
docker network connect my_net2 vm1
docker attach vm1
```

重新测试：

```
ping vm3
PING vm3 (172.21.0.6) 56(84) bytes of data.
64 bytes from vm3.my_net(172.21.0.6): icmp_seq=1 ttl=64 time=0.077 ms
64 bytes from vm3.my_net(172.21.0.6): icmp_seq=1 ttl=64 time=0.045 ms
--- vm3 ping statistics ---
2 packets transmitted, 2 received, 0% packet loss, time 999ms
rtt min/avg/max/mdey = 0.025/0.026/0.040/0.005 ms
```

重新测试发现 vm1 和 vm3 成功通信。值得注意的是：Docker 的 bridge 自定义网络之间，双方可以随便添加对方的网卡。

- Docker 的 bridge 自定义网络与系统自带的网桥之间，只能是系统自带的网桥对应的容器添加 bridge 自定义网络对应的容器的网卡。反之则会报错。
- Docker 的系统自带的网桥之间是可以通信的，因为是在一个网络桥接上的。

第 10 章

Docker 存储

Docker 提供了 4 种存储方式：默认存储、volume（数据卷）、bind mounts（绑定挂载）、tmpfs mount（仅在 Linux 环境中提供）。其中 volume、bind mounts 两种存储方式实现持久化容器数据。持久化存储系统的功能是将各种服务在运行过程中产生的数据长久地保存下来，即使容器被销毁，数据也仍然存在。

本章主要涉及的知识点有：

- Docker 存储简介。
- storage driver。
- data valume。

10.1 Docker 存储简介

Docker 为容器提供两种存放数据的资源，一种是由 storage driver 管理的容器层和镜像层，另一种是 data volume（数据卷）。也就是说，容器的存储可以分为两大类：一种是与镜像相关的，在容器内创建的所有文件都存储在可写容器层上，这种直接将文件存储在容器层的方式，数据难以持久化和共享，与使用直接写入主机文件系统的数据卷相比，由于它依赖存储驱动，这种额外的抽象会降低性能；另一种是宿主机存储，即通过将宿主机目录绑定或挂载到容器中使用，容器停止后数据也能持久化。

Docker 镜像由多个只读层叠加而成，启动容器时，Docker 会加载只读镜像层并在镜像栈顶部添加一个读写层。如果运行中的容器修改了现有的一个已经存在的文件，那么该文件将会从读写层下面的只读层复制到读写层，该文件的只读版本依然存在，只是已经被读写层中该文件的副本隐藏，这就是"写时复制（COW，Copy-On-Write）"机制。对于这种方式来说，我们去访问一个文件，修改和删除等一类的操作，由于隔着很多层镜像，效率会非常低。而要想绕过这种限制，我们可以通过使用数据卷的机制来实现。

数据卷就是将宿主机的本地文件系统中存在的某个目录直接与容器内部的文件系统上的某一目录建立绑定关系。这就意味着，当我们在容器中的这个目录下写入数据时，容器会将其内容直接写入宿主机上与此容器建立了绑定关系的目录。在宿主机上与容器形成绑定关系的目录被称作数据卷。

使用数据卷的好处是，如果容器中运行的进程的所有有效数据都保存在数据卷中，从而脱离容器自身文件系统之后，那么当容器关闭甚至被删除时，只要不删除与此容器绑定的、在宿主机上的这个存储目录，就不用担心数据丢失了。因此，数据卷可以脱离容器的生命周期，实现数据持久化存储。

通过数据卷的方式管理容器，容器就可以脱离主机的限制，可以在任意一台部署了 Docker 的主机上运行容器，而其数据则可以置于一个共享存储文件系统上，比如 NFS 服务器。

Docker 的数据卷默认情况下使用的是它所在的宿主机上的本地文件系统目录，也就是说宿主机上有一块属于自己的硬盘，这个硬盘并没有共享给其他的 Docker 主机，而在这台主机上启动的容器所使用的数据卷是关联到此宿主机硬盘上的某个目录之下。这就意味着容器在这台主机上停止运行或者被删除了再重建，只要关联到硬盘上的这个目录下，那么其数据还存在；但如果在另一台主机上启动一个新容器，那么数据就没了。而如果在创建容器的时候，我们手动将容器的数据挂载到一台 NFS 服务器上，那么这个问题就解决了。

10.2　storage driver

容器由最顶层的可写容器层以及若干只读的镜像层组成，容器的数据就存放在这些层中。这种分层结构的特点如下：

- 新数据会直接存放在最顶层的容器层。
- 修改现有数据会先从镜像层将数据复制到容器层，修改后的数据直接保存在容器层中，镜像层保持不变。
- 如果多个层中有名称相同的文件，那么用户只能看到最上面那层中的文件。

镜像的分层结构使得镜像和容器的创建、共享以及分发变得非常高效，而这些都要归功于 Docker storage driver（存储驱动）。正是 storage driver 实现了多层数据的堆叠，并为用户提供一个单一的合并之后的统一视图。Docker 支持多种 storage driver，有 AUFS、Device Mapper、Btfs、OverlayS、VFs 和 ZFS。它们都能实现分层的架构，同时又有各自的特性，需要根据应用的实际场景，选择合适的 storage driver。Ubuntu 默认使用 AUFS，底层文件系统是 etfs，各层数据存放在/var/lib/docker/aufs。

对于无状态的应用容器，直接将数据存放在由 storage driver 维护的层中是很好的选择，无状态意味着容器没有需要持久化的数据，随时可以从镜像中直接创建。

但对于有持久化数据的需求的应用，这种方式就不合适了，容器启动时需要加载已有的数据，容器销毁时希望保留产生的新数据，这就要用到 Docker 的另一种存储机制 data volume。

10.3 data volume

data volume（数据卷，也称为存储卷）本质上是宿主机文件系统中的目录或文件，能够直接被 mount 到容器的文件系统中。设计数据卷的目的就是让数据的持久化完全独立于容器的生命周期，因此 Docker 不会在容器被删除时删除其挂载的数据卷。数据卷是一个可供容器使用的特殊目录，它可以绕过文件系统提供很多有用的特性：

- 数据卷可以在容器之间共享和重用数据。
- 数据卷是目录或者文件，而不是没有格式化的磁盘。
- 对数据卷的修改会立刻生效。
- 对数据卷的更新不会影响镜像。
- 数据卷会一直存在，直到没有容器使用为止。

Docker 提供四种存储方式：默认存储、volume（数据卷）、bind mount（绑定挂载）、tmpfs mount（仅在 Linux 环境中提供），其中 volume、bind mount 两种存储方式实现持久化容器数据。

- 默认存储：数据保存在运行的容器中，容器被删除后，数据也随之删除。默认方式是容器管理自己的数据，容器文件系统实际是一系列只读文件层和最上层的容器可写文件层组成，最上层的容器可写文件层保留容器运行过程中产生的所有数据及修改，可写文件层的管理是利用容器的 storage driver 实现的(默认是 Overlay2，可以通过 Docker 的 dameon.json 配置文件修改)，对容器内部文件系统是透明的。由于容器在文件系统之上又封装了一层 storage driver，性能比不上 volume 或 bind，因此不建议在生产环境使用默认存储方式。
- volume：数据存放在主机文件系统/var/lib/docker/volumes/目录下，该目录由 Docker 管理，不允许其他进程修改，推荐该种方式持久化数据。
- bind mount：直接挂载主机文件系统的任何目录或文件，类似主机和容器的共享目录，主机上任何进程都可以访问修改，在容器中也可以看到修改，这种方式最简单。
- tmpfs：数据暂存在主机内存中，不会写入文件系统。主机重启后，数据将被删除。

图 10-1 展示了 volume、bind mount 和 tmpfs mount 三种存储技术的不同。

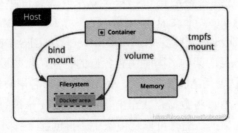

图 10-1　三种存储技术示意图

10.3.1　volume

volume 适合在多个容器间共享数据的场景中使用。当无法确保 Docker 主机一定拥有某个指定的文件夹或目录结构时，使用 volume 可以屏蔽这些宿主机差异。当需要将数据存储在远程主机或云服务上，或者是备份、恢复或从一台 Docker 主机迁移数据到另一台 Docker 主机时，可以选择使用 volume。

volume 由 Docker 创建和管理，可以使用 docker volume create 命令显式地创建数据卷，或者在容器创建时创建数据卷。

```
docker volume create nginx_volume
nginx_volume
docker inspect nginx_volume
[
    {
        "CreatedAt": "2021-08-12T01:58:04-04:00",
        "Driver": "local",
        "Labels": {},
        "Mountpoint": "/var/lib/docker/volumes/nginx_volume/_data",
        "Name": "nginx_volume",
        "Options": {},
        "Scope": "local"
    }
]
```

可以看到挂载点处于 Docker 的根目录/var/lib/docker/volumes 下。

通过 docker volume rm/prune 命令清除单个或所有未再使用的数据卷。对比绑定挂载 bind mount 来说，可以通过 docker 命令来管理数据卷是一个优势。

```
docker volume ls
DRIVER      VOLUME NAME
local       owncloud-docker-server_files
local       owncloud-docker-server_mysql
local       owncloud-docker-server_redis

docker volume prune
WARNING! This will remove all local volumes not used by at least one container.
Are you sure you want to continue? [y/N] y
Deleted Volumes:
owncloud-docker-server_files
owncloud-docker-server_mysql
owncloud-docker-server_redis

Total reclaimed space: 299.4MB
```

在创建容器时，如果未指定容器挂载的源，则 Docker 会自动创建一个匿名数据卷，也是位于 Docker 根目录下。

```
docker run -dt -v /usr/share/nginx/html --name nginx_with_volume nginx
d25bdfce9c7ac7bde5ae35067f6d9cf9f0cd2c9cbea6d1bbd7127b3949ef5ac6

docker volume ls
DRIVER      VOLUME NAME
local       d8e943f57d17a255f8a4ac3ecbd6471a735aa64cc7a606c52f61319a6c754980
local       nginx_volume

ls /var/lib/docker/volumes/
backingFsBlockDev
d8e943f57d17a255f8a4ac3ecbd6471a735aa64cc7a606c52f61319a6c754980   metadata.db
nginx_volume
```

当挂载数据卷之后，此时的存储与 bind mount 一致。不过当 Docker 主机不能保证具有给定的目录或文件结构时，数据卷可协助将 Docker 主机的配置与容器运行时分离。这样一来当需要将数据从一台 Docker 主机备份、还原或迁移到另一台主机时，数据卷就很方便了，可以避免主机与容器的耦合。

在使用绑定挂载和数据卷时需要注意以下传播覆盖原则（见图 10-2）：

- 绑定挂载一个空数据卷时：容器内目录的内容会传播（复制）到数据卷中。
- 绑定挂载非空数据卷时：容器内目录的内容会被数据卷或绑定的主机目录覆盖。

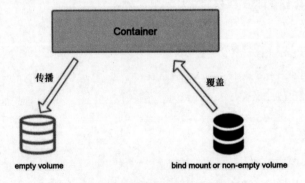

图 10-2　传播覆盖原则示意图

10.3.2　bind mount

通过 bind mount 可以在宿主机和容器间共享配置文件。例如，将 nginx 容器的配置文件保存在宿主机上，通过 bind mount 后就不用进入容器来修改 nginx 的配置了。

在宿主机和容器间共享代码或者 build 输出。例如，将宿主机某个项目的 target 目录挂载到容器中，这样在宿主机上 Maven build 一个最新的产品，可以直接在容器中运行，不需要生成一个新的镜像。Docker 主机上的文件或目录结构是确定的。

注意 bind mount 和 volume 行为上的差异。若将一个空 volume 挂载到一个非空容器目录上，那么这个容器目录中的文件会被复制到 volume 中，即容器目录原有文件不会被 volume 覆盖。若使用 bind mount 将一个宿主机目录挂载到容器目录上，那么此容器目录中原有的文件会被隐藏，从而只能读取到宿主机目录下的文件。

bind mount 与 volume 相比功能有限。使用绑定挂载时，主机上的文件或目录会挂载到容器中。文件或目录由它在主机上的完整路径引用。目录不需要存在于 Docker 主机上，如果不存在，Docker 会自动创建。注意只能自动创建目录。

通过 -v 选项绑定挂载一个目录 /nginx/html 到容器中：

```
docker run -dt -v /nginx/html:/usr/share/nginx/html --name nginx nginx
```

通过 docker inspect nginx 查看容器 Mounts 字段：

```
"Mounts": [
    {
        "Type": "bind",
        "Source": "/nginx/html",
        "Destination": "/usr/share/nginx/html",
        "Mode": "",
        "RW": true,
        "Propagation": "rprivate"
    }
]
```

接下来，在 Docker 主机上创建一个 index.html 文件并写入"hello nginx"，然后访问容器 IP，显然挂载已经生效：

```
echo "hello nginx" > /nginx/html/index.html
curl 172.17.0.4
hello nginx
```

可以通过 Docker 主机修改文件使容器内文件生效，反过来也可以，容器可以修改、创建和删除主机文件系统上的内容。处理这个问题时，可以在创建容器的时候配置挂载目录的权限，例如赋予只读权限：

```
docker run -dt -v /nginx/html:/usr/share/nginx/html:ro --name nginx nginx
```

在使用绑定挂载的时候，操作的是主机文件系统，必须清楚挂载的目录包含哪些内容，以免对其他应用造成影响，以及容器是否应该有权操作这些目录。

10.3.3　tmpfs mount

tmpfs mount 的使用场景为：若因为安全或其他原因，不希望将数据持久化到容器或宿主机上，则可以使用 tmpfs mount 模式；使用 Linux 运行 Docker，避免写入数据到容器存储层，可以使用 tmpfs mount。

tmpfs mount 是一种非持久化的数据存储，仅将数据保存在宿主机的内存中，一旦容器停止运行，tmpfs mount 就会被移除，从而造成数据丢失。

可以在运行容器时，通过指定--tmpfs 参数或--mount 参数来使用 tmpfs mount：

```
docker run -d \
 -it \
 --name tmptest \
 --mount type=tmpfs,destination=/app \
 nginx:latest

docker run -d \
 -it \
 --name tmptest \
 --tmpfs /app \
 nginx:latest
```

使用--tmpfs 参数无法指定任何其他的可选项，并且不能用于 Swarm Service。

tmpfs mount 有以下两个可选项：

- tmpfs-size：挂载的 tmpfs 的字节数，默认不受限制。
- tmpfs-mode：tmpfs 的文件模式，例如 700 或 1700。默认值为 1777，表示任何用户都有写入权限。

使用 docker container inspect tmptest 命令，然后查看 Mounts 文本部分，可以看到：

```
"Tmpfs": {
 "/app": ""
}
```

第 11 章

日志管理

Docker 容器日志分为两类：引擎日志和容器日志。Docker 引擎日志是 Docker 本身运行的日志，容器日志是各个容器内产生的日志。

本章主要涉及的知识点有：

- 查看引擎日志。
- 查看容器日志。
- 清理容器日志。
- 日志驱动程序。

11.1 查看引擎日志

CentOS 系统下的 docker 引擎日志一般由 systemd 管理，可通过 journalctl -u docker.service 命令查看，如图 11-1 所示。

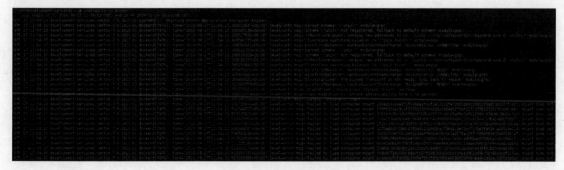

图 11-1 引擎日志

11.2　查看容器日志

通常，容器日志指容器的标准输出，在容器启动失败或者其他场景，可以通过控制台查看容器日志，用于定位容器相关问题。

通过 docker logs 命令可以查看容器的日志。命令格式如下：

```
docker logs [OPTIONS] CONTAINER
```

选项说明：

- --details：显示更多的信息。
- -f, --follow：跟踪实时日志。
- --since string：显示自某个 timestamp 之后的日志，或相对时间，如 36m（即 36 分钟）。
- --tail string：从日志末尾显示多少行日志，默认是 all。
- -t, --timestamps：显示时间戳。
- --until string：显示自某个 timestamp 之前的日志，或相对时间，如 36m（即 36 分钟）。

查看实时日志示例如下：

```
docker logs -f -t --since="2017-05-31" --tail=10 edu_web_1
```

使用到的参数说明：

- --since：此参数指定了输出日志开始日期，即只输出指定日期之后的日志。
- -f：查看实时日志。
- -t：查看日志产生的日期。
- -tail=10：查看最后的 10 条日志。
- edu_web_1：容器名称。

查看指定时间后的日志，只显示最后 100 行：

```
$ docker logs -f -t --since="2018-02-08" --tail=100 CONTAINER_ID
```

查看最近 30 分钟的日志：

```
$ docker logs --since 30m CONTAINER_ID
```

查看某时间之后的日志：

```
$ docker logs -t --since="2018-02-08T13:23:37" CONTAINER_ID
```

查看某时间段日志：

```
$ docker logs -t --since="2018-02-08T13:23:37" --until "2018-02-09T12:23:37" CONTAINER_ID
```

跟踪查看容器 mynginx 的日志输出：

```
docker logs -f mynginx
    192.168.239.1 - - [10/Jul/2016:16:53:33 +0000] "GET / HTTP/1.1" 200 612 "-"
"Mozilla/5.0 (Windows NT 6.1; WOW64) AppleWebKit/537.36 (KHTML, like Gecko)
Chrome/45.0.2454.93 Safari/537.36" "-"
    2016/07/10 16:53:33 [error] 5#5: *1 open() "/usr/share/nginx/html/favicon.ico"
failed (2: No such file or directory), client: 192.168.239.1, server: localhost,
request: "GET /favicon.ico HTTP/1.1", host: "192.168.239.130", referrer:
"http://192.168.239.130/"
    192.168.239.1 - - [10/Jul/2016:16:53:33 +0000] "GET /favicon.ico HTTP/1.1" 404
571 "http://192.168.239.130/" "Mozilla/5.0 (Windows NT 6.1; WOW64)
AppleWebKit/537.36 (KHTML, like Gecko) Chrome/45.0.2454.93 Safari/537.36" "-"
    192.168.239.1 - - [10/Jul/2016:16:53:59 +0000] "GET / HTTP/1.1" 304 0 "-"
"Mozilla/5.0 (Windows NT 6.1; WOW64) AppleWebKit/537.36 (KHTML, like Gecko)
Chrome/45.0.2454.93 Safari/537.36" "-"
```

查看容器 mynginx 在 2016 年 7 月 1 日之后的最新 10 条日志：

```
docker logs --since="2016-07-01" --tail=10 mynginx
```

Docker 日志是跟随容器而产生的，如果删除了某个容器，那么相应的日志文件也会随着被删除。当输入 docker logs 命令的时候会转换为 Docker Client 向 Docker Daemon 发起请求，Docker Daemon 在运行容器时会去创建一个协程（goroutine），绑定了整个容器内所有进程的标准输出文件描述符。因此，容器内所有的应用只要是标准输出日志，都会被 goroutine 接收，Docker Daemon 会根据容器 ID 和日志类型读取日志内容，最终会输出到用户终端上并且通过 JSON 格式存放在 /var/lib/docker/containers 目录下。

11.3　清理容器日志

如果 Docker 容器正在运行，那么使用 rm -rf 方式删除日志文件后，通过 df -h 会发现磁盘空间并没有释放。原因是在 Linux 或者 UNIX 系统中，通过 rm -rf 命令或者文件管理器删除文件，只会从文件系统的目录结构上解除链接（unlink）。如果文件是被打开的（至少有一个进程正在使用），那么进程将仍然可以读取该文件，磁盘空间也一直被占用。因此，正确的方式是使用命令：

```
cat /dev/null > *-json.log
```

当然也可以通过 rm -rf 删除后再重启 Docker。
日志清理脚本 clean_docker_log.sh 示例如下：

```
!/bin/sh
echo "======== docker containers logs file size ========"
```

```
logs=$(find /var/lib/docker/containers/ -name *-json.log)
for log in $logs
      do
            ls -lh $log
      done
chmod +x docker_log_size.sh
./docker_log_size.sh
```

但是，这样清理之后，随着时间的推移，容器日志会不断堆积。

为了解决日志清理的问题，需要限制容器服务的日志大小。这个通过配置容器 docker-compose 的 max-size 选项来实现：

```
nginx:
  image: nginx:1.12.1
  restart: always
  logging:
    driver: "json-file"
    options:
      max-size: "5g"
```

重启 nginx 容器之后，其日志文件的大小就被限制在 5GB。

接下来看看全局设置日志大小的方法。新建/etc/docker/daemon.json 文件，若已经存在该文件，则无须新建。添加 log-dirver 和 log-opts 参数，示例如下：

```
vim /etc/docker/daemon.json
{
  "registry-mirrors": ["http://f613ce8f.m.daocloud.io"],
  "log-driver":"json-file",
  "log-opts": {"max-size":"500m", "max-file":"3"}
}
```

设置了 max-size=500m，意味着一个容器日志大小的上限是 500MB。设置 max-file=3，意味着一个容器有三个日志，分别是 id+.json、id+1.json、id+2.json。

```
systemctl daemon-reload
systemctl restart docker
```

需要注意的是，设置的日志大小只对新建的容器有效。

11.4 日志驱动程序

本节主要介绍 Docker 日志驱动程序的相关内容。

11.4.1 日志驱动程序概述

Docker 日志驱动程序有：

- none：运行的容器没有日志，docker logs 命令也不返回任何输出。
- local：日志以自定义格式存储，旨在实现最小开销。
- json-file：日志格式为 JSON。Docker 的默认日志记录驱动程序。
- syslog：将日志消息写入 syslog。该 syslog 守护程序必须在主机上运行。
- journald：将日志消息写入 journald。该 journald 守护程序必须在主机上运行。
- gelf：将日志消息写入 Graylog 扩展日志格式（GELF）端点，例如 Graylog 或 Logstash。
- fluentd：将日志消息写入 fluentd（转发输入）。该 fluentd 守护程序必须在主机上运行。
- awslogs：将日志消息写入 Amazon CloudWatch Logs。
- splunk：使用 HTTP 事件收集器将日志消息写入 splunk。
- etwlogs：将日志消息写为 Windows 事件跟踪（ETW）事件。仅适用于 Windows 平台。
- gcplogs：将日志消息写入 Google Cloud Platform（GCP）Logging。
- logentries：将日志消息写入 Rapid7 Logentries。

Docker 常用日志驱动程序：

- json-file：日志格式换为 JSON，这是 Docker 默认的日志驱动程序。
- journald：将日志消息写入 journald，journald 守护程序必须在主机上运行。
- syslog：将日志消息写入 syslog，syslog 守护程序必须在主机上运行。
- gelf：将日志消息写入 Graylog 扩展日志格式（GELF）端点，例如 Graylog 或 Logstash。

Docker CE 版本，docker logs 命令仅适用于如图 11-2 所示的驱动程序。

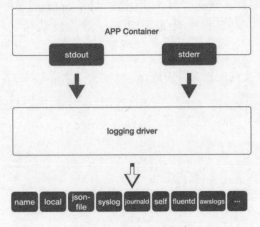

图 11-2　日志驱动程序

查看 Docker 当前日志驱动程序：

```
docker info | grep "Logging Driver" docker info --format '{{.LoggingDriver}}'
json-file
```

查看单个容器设置的日志驱动命令格式为：docker inspect -f '{{.HostConfig.LogConfig.Type}}' 容器 ID：

```
docker inspect -f '{{.HostConfig.LogConfig.Type}}' b0c936eca8ce
json-file
```

Docker 日志驱动全局配置文件在/etc/docker/daemon.json 中，为 JSON 格式：

```
{
    "log-driver": "syslog" // 修改日志驱动类型
}
```

除了对所有容器更改配置之外，还可以针对单一容器设置日志驱动，使用参数--log-driver 修改指定容器的日志驱动：

```
docker run -itd --log-driver syslog daocloud.io/nginx
```

11.4.2　local 日志驱动

local 日志驱动记录从容器的 STDOUT/STDERR 输出，并写到主机硬盘。在默认情况下，local 日志驱动为每个容器保留 100MB 的日志信息，并启用压缩来保存。

local 日志驱动存储位置为/var/lib/docker/containers/容器 ID/local-logs/，以 container.log 命名。支持的驱动选项有：

- max-size: 切割之前日志的最大大小。可取值单位为 k、m、g，默认为 20m。示例：--log-opt max-size=10m。
- max-file: 可以存在的最大日志文件数。如果超过最大值，则会删除最旧的文件。仅在 max-size 设置时有效。默认值为 5。示例：--log-opt max-file=10。
- compress: 对应切割日志文件是否启用压缩。默认情况下启用。示例：--log-opt compress=false。

全局设置日志驱动可在全局配置文件中进行：

```
/etc/docker/daemon.json:
{
  "log-driver": "local",
  "log-opts": {
    "max-size": "10m"
  }
}
```

重启 Docker 服务后生效。
单个容器日志驱动设置为-local，加 --log-driver local 参数：

```
# 运行一个容器，设定日志驱动为 local，并运行命令 ping www.baidu.com
docker run -itd --log-driver local alpine ping www.baidu.com
3795b6483534961c1d5223359ad1106433ce2bf25e18b981a47a2d79ad7a3156


# 查看运行的容器的日志驱动是否是 local
docker inspect -f '{{.HostConfig.LogConfig.Type}}' 3795b6483534961c
local
```

11.4.3 json-file 日志驱动

json-file 日志驱动记录从容器的 STDOUT/STDERR 输出，并用 JSON 格式写到文件中。
json-file 日志路径为 /var/lib/docker/containers/容器 ID/容器 ID-json.log：

```
ll /var/lib/docker/containers/09c7bec493c86f0116c4ee91bc54a9262ef1b73fbf27bb0b7a89778a0a28c125/
总用量 320
-rw-r----- 1 root root 290515 Aug  6 17:57 09c7bec493c86f0116c4ee91bc54a9262ef1b73fbf27bb0b7a89778a0a28c125-json.log
drwx------ 2 root root   4096 Aug  6 17:14 checkpoints
-rw-r--r-- 1 root root   4367 Aug  6 17:56 config.v2.json
-rw-r--r-- 1 root root   1380 Aug  6 17:56 hostconfig.json
-rw-r--r-- 1 root root     13 Aug  6 17:56 hostname
-rw-r--r-- 1 root root    177 Aug  6 17:56 hosts
-rw-r--r-- 1 root root    175 Aug  6 17:56 resolv.conf
-rw-r--r-- 1 root root     71 Aug  6 17:56 resolv.conf.hash
drwxrwxrwt 2 root root     40 Aug  6 17:56 shm
```

json-file 日志驱动支持的驱动选项有：

- max-size：切割之前日志的最大大小。可取值单位为 k、m、g，默认值为-1，表示无限制。示例：--log-opt max-size=10m。
- max-file：可以存在的最大日志文件数。如果切割日志会创建超过阈值的文件数，则会删除最旧的文件。仅在 max-size 设置时有效。设置值为正整数，默认为 1。示例：--log-opt max-file=5。
- labels：适用于启动 Docker 守护程序时。此守护程序接收以英文逗号分隔的与日志记录相关的标签列表。示例：--log-opt labels=production_status,geo。
- env：适用于启动 Docker 守护程序时。此守护程序接收以英文逗号分隔的与日志记录相关的环境变量列表。示例：--log-opt env=os, customer。
- env-regex：类似兼容 env。用于匹配与日志记录相关的环境变量的正则表达式。示例：--log-opt env-regex=^(os|customer)。
- compress：切割的日志是否进行压缩。默认是 disabled。示例：--log-opt compress=true。

11.4.4 syslog 日志驱动

syslog 日志驱动将日志路由到 syslog 服务器，syslog 以原始的字符串作为日志消息元数据，接收方可以提取以下消息：

- level 日志等级，比如 debug、warning、error、info。
- timestamp 时间戳。
- hostname 事件发生的主机。
- facility 系统模块。
- 进程名称和进程 ID。

修改全局日志驱动为 syslog：

```
cat /etc/docker/daemon.json
{
  "log-driver": "syslog",
  "log-opts": {
    "syslog-address": "udp://1.2.3.4:1111"
  }
}
```

11.4.5 日志驱动的选择

Docker 官方提供的日志驱动都是针对容器的 STDOUT/STDERR 输出的日志驱动。容器中的日志可分为两大类：

（1）标准输出 STDOUT/STDERR 日志。也就是 STDOUT/STDERR，这类日志可通过 Docker 官方的日志驱动进行收集。比如，Nginx 日志有 access.log 和 error.log，在 Docker Hub 上可看到 Nginx 的 Dockerfile 对于这两个日志的处理：

```
RUN ln -sf /dev/stdout /var/log/nginx/access.log \
    && ln -sf /dev/stderr /var/log/nginx/error.log
```

都是软链接到/dev/stdout 和/dev/stderr，所以这类容器可以使用 Docker 官方的日志驱动。

（2）文本日志，都存储于容器内部，没有重定向到容器的 STDOUT/STDERR。比如：Tomcat 日志有 catalina、localhost、manager、host-manager，我们可在 Docker Hub 上看到：Tomcat 的 Dockerfile 中只有 catalina 做了处理，其他日志都存储于容器内部，只有进入容器才可看到。

```
CMD ["catalina.sh", "run"]
```

针对这类容器可以采用其他方法处理：

- 完全是 STDOUT/STDERR 输出类型的容器，可选择 json-file、syslog、local 等 Docker 支持的日志驱动。
- 当有文本文件日志类型容器时，有如下处理方案：

① 挂载目录

创建一个目录，将目录挂载到容器中产生日志的目录：

```
docker run -d --name tomcat-bind -P --mount type=bind,src=/opt/logs/,dst=/usr/local/tomcat/logs/ tomcat
```

② 使用数据卷

创建数据卷，创建容器时绑定数据卷：

```
docker run -d --name tomcat-volume -P --mount type=volume,src=volume_name,dst=/usr/local/tomcat/logs/ tomcat
```

③ 计算容器 rootfs 挂载点

使用挂载宿主机目录方式采集日志对应用会有一定的侵入性，因为它要求容器启动时包含挂载命令。如果采集过程中能对用户透明那就太棒了，事实上，可以通过计算容器 rootfs 挂载点来达到这个目的。

与容器 rootfs 挂载点密不可分的一个概念是 storage driver。在实际使用过程中，用户往往会根据 Linux 版本、文件系统类型、容器读写情况等因素选择合适的 storage driver。不同 storage driver 下，容器 rootfs 挂载遵循一定的规律，因此我们可以根据 storage driver 的类型推断出容器的 rootfs 挂载点，进而采集容器内部 log，表 11-1 展示了部分 storage driver 的 rootfs 挂载点及其计算方法。

表11-1 rootfs挂载点

storage driver	rootfs 挂载点	计算方法
aufs	/var/lib/docker/aufs/mnt/<id>	id 可以从如下文件读到： /var/lib/docker/image/aufs/layerdb/mounts/\>container-id\>mount-id
overlay	/var/lib/docker/overlay/<id>/merged	完整路径可以通过如下命令得到： docker inspect -f {{.GraphDriver.Data.MergedDir}} <container-id>
overlay2	/var/liv/docker/overlay2/<id>/merged	完整路径可以通过如下命令得到： docker inspect -f {{.GraphDriver.Data.MergedDir}} <container-id>
devicemapper	/var/lib/docker/devicemapper/mnt/<id>/rootfs	id 可以通过如下命令得到： docker inspect -f {{.GraphDriver.Data.DeviceName}} <container-id>

查看 sms 微服务容器挂载点位置：

```
docker ps | grep sms
b0c936eca8ce        9e1a0e0ee678
"/.r/r /bin/sh -c ..."    18 months ago      Up 8 months
r-ms-test-sms-1-561a64f3

docker inspect -f '{{.GraphDriver.Data.MergedDir}}' b0c936eca8ce      # 查看 sms 容器的挂载点位置
/mnt/docker/overlay/ee687989905069e3450318a0750a0d88909190191441cccbd47d83cc042f23ab/merged


ll /mnt/docker/overlay/ee687989905069e3450318a0750a0d88909190191441cccbd47d83cc042f23ab/merged      #查看挂载点的目录结构
总用量 84
-rw-r--r--  118 root root       23 Feb 17 2017 10.42.1.1
-rw-r--r--  126 root root    15712 Dec 14 2016 anaconda-post.log
lrwxrwxrwx    1 root root        7 Dec 14 2016 bin -> usr/bin
drwxr-xr-x    1 root root     4096 Jan 24 2018 data
drwxr-xr-x    4 root root     4096 Jan 24 2018 dev
drwxr-xr-x    1 root root     4096 Jan 24 2018 etc
drwxr-xr-x    2 root root     4096 Nov  5 2016 home
lrwxrwxrwx    1 root root        7 Dec 14 2016 lib -> usr/lib
lrwxrwxrwx    1 root root        9 Dec 14 2016 lib64 -> usr/lib64
drwx------    2 root root     4096 Dec 14 2016 lost+found
drwxr-xr-x    2 root root     4096 Nov  5 2016 media
drwxr-xr-x    2 root root     4096 Nov  5 2016 mnt
drwxr-xr-x    2 root root     4096 Nov  5 2016 opt
drwxr-xr-x    2 root root     4096 Jan 24 2018 proc
dr-xr-x---    1 root root     4096 Aug  2 18:33 root
drwxr-xr-x    1 root root     4096 Dec 22 2017 run
lrwxrwxrwx    1 root root        8 Dec 14 2016 sbin -> usr/sbin
drwxr-xr-x    2 root root     4096 Nov  5 2016 srv
drwxr-xr-x    2 root root     4096 Jan 24 2018 sys
drwxrwxrwt    1 root root     4096 Nov 30 2018 tmp
drwxr-xr-x   13 root root     4096 Dec 22 2017 usr
drwxr-xr-x    1 root root     4096 Dec 22 2017 var
```

```
ll
/mnt/docker/overlay/ee687989905069e3450318a0750a0d88909190191441cccbd47d83cc042
f23ab/merged/usr/local/
总用量 44
drwxr-xr-x 2 root root 4096 Nov  5 2016 bin
drwxr-xr-x 2 root root 4096 Nov  5 2016 etc
drwxr-xr-x 2 root root 4096 Nov  5 2016 games
drwxr-xr-x 2 root root 4096 Nov  5 2016 include
drwxr-xr-x 8 root root 4096 Dec 22 2017 jdk1.8
drwxr-xr-x 2 root root 4096 Nov  5 2016 lib
drwxr-xr-x 2 root root 4096 Nov  5 2016 lib64
drwxr-xr-x 2 root root 4096 Nov  5 2016 libexec
drwxr-xr-x 2 root root 4096 Nov  5 2016 sbin
drwxr-xr-x 5 root root 4096 Dec 22 2017 share
drwxr-xr-x 2 root root 4096 Nov  5 2016 src
```

④ 在代码中实现直接将日志写到 Redis

```
Docker => Redis => Logstash => Elasticsearch
```

第 12 章

Docker Compose

Docker Compose 是一个用来定义和运行复杂应用的 Docker 工具。一个使用 Docker 容器的应用通常由多个容器组成，使用 Docker Compose 则不再需要使用 shell 脚本来启动容器。

Compose 通过一个配置文件来管理多个 Docker 容器，在配置文件中，所有的容器通过 services 来定义，然后使用 docker-compose 脚本来启动、停止和重启应用，并管理应用中的服务以及所有依赖服务的容器，非常适合组合使用多个容器进行开发的场景。

本章主要涉及的知识点有：

- Docker Compose 简介。
- Docker Compose 安装。
- Docker Compose 模板文件语法。
- 使用 Docker Compose。

12.1 Docker Compose 简介

Docker Compose 是 Docker 官方的开源项目，负责实现对 Docker 容器集群的快速编排。

Docker Compose 使用 Python 编写，调用 Docker 服务提供的 API 来对容器进行管理。因此，只要所操作的平台支持 Docker API，就可以在其上利用 Compose 来进行编排管理。

Docker Compose 是一个用来定义和运行复杂应用的 Docker 工具。一个使用 Docker 容器的应用，通常由多个容器组成。Compose 是用于定义和运行多容器 Docker 应用程序的工具。通过 Compose，可以使用 YML 文件来配置应用程序需要的所有服务，不再需要使用 shell 脚本来启动容器，使用一个命令就可以从 YML 文件配置中创建并启动所有服务。

Compose 允许用户通过一个 docker-compose.yml 模板文件（YAML 格式）来定义一组相关联的应用容器为一个项目（project），即通过配置文件来管理多个 Docker 容器。在配置文件中，所有的容器通过 services 定义，使用 docker-compose 脚本来启动、停止、重启应用，并管理应用中的服务以及所有依赖服务的容器，非常适合组合使用多个容器进行开发的场景。

YAML 的配置文件后缀为.yml，如 docker-compose.yml。YAML 是"YAML Ain't a Markup Language"的缩写。YAML 的语法和其他高级语言类似，可以简单表达清单、散列表、标量等数据形态。YAML 使用空白符号缩进和分行来分隔数据，特别适合用来表达或编辑数据结构、各种配置文件、调试内容、文件大纲。

Compose 使用的 3 个步骤如下：

步骤01 使用 Dockerfile 定义应用程序的环境。

步骤02 使用 docker-compose.yml 定义构成应用程序的服务，这样它们可以在隔离环境中一起运行。

步骤03 执行 docker-compose up 命令来启动并运行整个应用程序。

Compose 模板文件是一个定义服务、网络和数据卷的 YAML 文件。Compose 模板文件默认路径是当前目录下的 docker-compose.yml，可以使用.yml 或.yaml 作为文件扩展名。Docker Compose 标准模板文件应该包含 version、services、networks 三大部分，最关键的是 services 和 networks 两个部分。docker-compose.yml 的配置示例如下：

```yaml
# YAML 配置实例
version: '3'
services:
  web:
    build: .
    ports:
    - "5000:5000"
    volumes:
    - .:/code
    - logvolume01:/var/log
    links:
    - redis
  redis:
    image: redis
volumes:
  logvolume01: {}
```

12.2 安装 Docker Compose

Mac OS 的 Docker 桌面版和 Docker Toolbox 已经包括 Compose 和其他 Docker 应用程序，因此 Mac 用户不需要单独安装 Compose。Docker 的安装说明可以参阅"3.3 在 Mac OS 中安装 Docker"。

Windows 的 Docker 桌面版和 Docker Toolbox 已经包括 Compose 和其他 Docker 应用程序，因此 Windows 用户也不需要单独安装 Compose。Docker 的安装说明可以参阅"3.1 在 Windows 中安装 Docker"。

Linux 上安装 Docker Compose，可以从 GitHub 上下载对应的二进制包来使用。

运行以下命令以下载 Docker Compose 的当前稳定版本：

```
$ sudo curl -L "https://github.com/docker/compose/releases/download/v2.10.0/docker-compose-$(uname -s)-$(uname -m)" -o /usr/local/bin/docker-compose
```

要安装其他版本的 Compose，请替换中间的版本号（v2.10.0）。

Docker Compose 存放在 GitHub 上时下载不太稳定、不方便，因此，也可以通过执行下面的命令快速安装 Docker Compose。

```
curl -L https://get.daocloud.io/docker/compose/releases/download/v2.4.1/docker-compose-`uname -s`-`uname -m` > /usr/local/bin/docker-compose
```

将可执行权限应用于二进制文件：

```
$ sudo chmod +x /usr/local/bin/docker-compose
```

创建软链接：

```
$ sudo ln -s /usr/local/bin/docker-compose /usr/bin/docker-compose
```

测试是否安装成功：

```
$ docker-compose --version
cker-compose version 1.24.1, build 4667896b
```

注意：对于 alpine，需要以下依赖包：py-pip、python-dev、libffi-dev、openssl-dev、gcc、libc-dev 和 make。

12.3 模板文件语法

默认的模板文件是 docker-compose.yml，其中定义的每个服务都必须通过 image 指令来指定镜像，也可以通过 build 指令（需要 Dockerfile）来自动构建。

12.3.1 docker-compose.yml 语法说明

1. image

指定为镜像名称或镜像 ID。如果镜像不存在，Compose 将尝试从网络拉取该镜像，例如：

```
image: ubuntu image: orchardup/postgresql image: a4bc65fd
```

指定服务的镜像名，若本地不存在，则 Compose 会去仓库拉取这个镜像：

```
services:
  web:
    image: nginx
build
```

指定 Dockerfile 所在文件夹的路径:

```
build:
  ./dir
```

Compose 将会利用这个路径自动构建镜像,然后使用该镜像。

2. command

覆盖容器启动后默认执行的命令:

```
command: bundle exec thin -p 3000
```

3. links

链接到其他服务容器,使用服务名称(同时作为别名)或服务别名(SERVICE:ALIAS)都可以:

```
links:
  - db
  - db:database
  - redis
```

注意: 使用别名时会自动在服务器中的 /etc/hosts 里创建,比如 172.17.2.186 db,相应的环境变量也会被创建。

4. external_links

链接到 docker-compose.yml 外部的容器,甚至不是 Compose 管理的容器。参数格式和 links 类似。external_links 文件内容如下:

```
- redis_1
  - project_db_1:mysql
  - project_db_2: sqlserver
```

5. ports

ports 用于暴露端口信息。格式如下:

宿主机器端口:容器端口(HOST:CONTAINER)

或者仅仅指定容器的端口(宿主机将会随机分配端口)也可以:

```
ports:
  - "3306"        // 指定容器端口
```

```
    - "8080:80"    // 宿主机端口:容器端口
    - "127.0.0.1:8090:8001"
```

注意：当使用 HOST:CONTAINER 格式来映射端口时，如果使用的容器端口小于 60，则可能会得到错误的结果，因为 YAML 将会解析 xx:yy 这种数字格式为六十进制，所以建议采用字符串格式。

6. expose

暴露端口，与 posts 不同的是 expose 只能暴露端口而不能映射到主机，只供外部服务连接使用；仅可以指定内部端口为参数。

```
expose:
  - "3000"
  - "8000"
```

7. volumes

设置数据卷挂载的路径。格式为：

宿主机路径:容器路径（host:container）

还可以加上访问模式（host:container:ro），其中 ro 就是 readonly 的意思，表示只读模式。

```
volumes:
  - /var/lib/mysql:/var/lib/mysql
  - /configs/mysql:/etc/configs/:ro
```

8. volunes_from

挂载另一个服务或容器的所有数据卷。

```
volunes_from:
  - services_name
  - container_name
```

9. environment

设置环境变量，可以是数组或字典两种格式。

如果只给定变量的名称，则会自动加载它在 Compose 主机上的值，可以用来防止泄露不必要的数据。

```
environment:
  - RACK_ENV=development
  - SESSION_SECRET
```

10. env_file

从文件中获取环境变量，可以为单独的文件路径或列表。如果通过 docker-compose-f FILE 指定了模板文件，则 env_file 中路径会基于模板文件路径。如果有变量名称与 environment 指令冲突，则以后者为准。

```
env_file: .env
env_file:
  - ./common.env
  - ./apps/web.env
  - /opt/secrets.env
```

环境变量文件中每一行都必须有注释，支持#开头的注释行：

```
# common.env: Set Rails/Rack environment
RACK_ENV=development
```

11. extends

基于已有的服务进行服务扩展。比如，已经有了一个 webapp 服务，模板文件为 common.yml：

```
# common.yml
webapp:
build: ./webapp
environment:
 - DEBUG=false
 - SEND_EMAILS=false
```

编写一个新的 development.yml 文件，使用 common.yml 中的 webapp 服务进行扩展。development.yml 文件内容如下：

```
web:
extends:
file: common.yml
service:
  webapp:
    ports:
      - "8080:80"
    links:
      - db
    envelopment:
      - DEBUG=true
  db:
    image: mysql:5.7
```

后者会自动继承 common.yml 中的 webapp 服务及相关的环境变量。

12. net

设置网络模式，使用和 docker client 命令的 --net 参数一样的值。

```
# 容器默认链接的网络，是所有 Docker 安装时都默认安装的 docker0 网络
net: "bridge"
# 容器定制的网格栈
net: "none"
# 使用另一个容器的网络配置
net: "container:[name or id]"
# 在宿主机网络栈上添加一个容器，容器中的网络配置会与宿主机的一样
net: "host"
```

Docker 会为每个节点自动创建三个网络：

- bridge：容器默认连接的网络，是所有 Docker 安装时都默认安装的 docker0 网络。
- none：容器定制的网络栈。
- host：在宿主机网络栈上添加一个容器，容器中的网络配置会与宿主机的一样。

13. pid

和宿主机系统共享进程命名空间，打开该选项的容器可以通过进程 id 来相互访问和操作。

```
pid: "host"
```

14. dns

配置 DNS 服务器，可以是一个值，也可以是一个列表。

```
dns: 8.8.8.8
dns:
 - 8.8.8.8
 - 9.9.9.9
```

15. cap_add, cap_drop

添加或放弃容器的 Linux 能力（Capability）。

```
cap_add:
 - ALL
cap_drop:
 - NET_ADMIN
 - SYS_ADMIN
```

16. dns_search

配置 DNS 搜索域，可以是一个值也可以是一个列表。

```
dns_search: example.com
dns_search:
 - domain1.example.com
 \ - domain2.example.com
working_dir, entrypoint, user, hostname, domainname, mem_limit, privileged,
restart, stdin_open, tty, cpu_shares
```

这些都和 docker run 命令支持的选项类似。

```
cpu_shares: 73
working_dir: /code
entrypoint: /code/entrypoint.sh
user: postgresql
hostname: foo
domainname: foo.com
mem_limit: 1000000000
privileged: true
restart: always
stdin_open: true
tty: true
```

17. healthcheck

健康检查，这是非常有必要的，等服务准备好以后再上线，避免更新过程中出现短暂的无法访问的问题。

```
healthcheck:
  test: ["CMD", "curl", "-f", "http://localhost/alive"]
  interval: 5s
  timeout: 3s
```

其实大多数情况下健康检查的规则都会写在 Dockerfile 中：

```
FROM nginx
RUN apt-get update && apt-get install -y curl && rm -rf /var/lib/apt/lists/*
HEALTHCHECK --interval=5s --timeout=3s CMD curl -f http://localhost/alive || exit 1
```

18. depends_on

依赖的服务，优先启动，示例如下：

```
depends_on:
  - redis
```

19. deploy

都在这个节点下部署相关的配置,示例如下:

```
deploy:
  mode: replicated
  replicas: 2
  restart_policy:
    condition: on-failure
    max_attempts: 3
  update_config:
    delay: 5s
    order: start-first # 默认为 stop-first,推荐设置先启动新服务再终止旧的
  resources:
    limits:
      cpus: "0.50"
      memory: 1g
deploy:
  mode: global # 不推荐全局模式(仅个人意见)
  placement:
    constraints: [node.role == manager]
```

若非特殊服务,以上各节点的配置就能够满足大部分部署场景了。

docker-compose.yml 示例如下:

```
version: '3.5'
services:
  nacos1:
    restart: always
    image: nacos/nacos-server:${NACOS_VERSION}
    container_name: nacos1
    privileged: true
    ports:
     - "8001:8001"
     - "8011:9555"
    deploy:
      resources:
        limits:
          cpus: '0.50'
          memory: 1024M
```

```yaml
      env_file:
        - ./nacos.env
      environment:
          NACOS_SERVER_IP: ${NACOS_SERVER_IP_1}
          NACOS_APPLICATION_PORT: 8001
          NACOS_SERVERS: ${NACOS_SERVERS}
      volumes:
        - ./logs_01/:/home/nacos/logs/
        - ./data_01/:/home/nacos/data/
        - ./config/:/home/nacos/config/
      networks:
        - ha-network-overlay
  nacos2:
    restart: always
    image: nacos/nacos-server:${NACOS_VERSION}
    container_name: nacos2
    privileged: true
    ports:
      - "8002:8002"
      - "8012:9555"
    deploy:
      resources:
        limits:
          cpus: '0.50'
          memory: 1024M
    env_file:
      - ./nacos.env
    environment:
        NACOS_SERVER_IP: ${NACOS_SERVER_IP_2}
        NACOS_APPLICATION_PORT: 8002
        NACOS_SERVERS: ${NACOS_SERVERS}
    volumes:
      - ./logs_02/:/home/nacos/logs/
      - ./data_02/:/home/nacos/data/
      - ./config/:/home/nacos/config/
    networks:
      - ha-network-overlay
  nacos3:
```

```yaml
    restart: always
    image: nacos/nacos-server:${NACOS_VERSION}
    container_name: nacos3
    privileged: true
    ports:
     - "8003:8003"
     - "8013:9555"
    deploy:
      resources:
        limits:
          cpus: '0.50'
          memory: 1024M
    env_file:
     - ./nacos.env
    environment:
        NACOS_SERVER_IP: ${NACOS_SERVER_IP_3}
        NACOS_APPLICATION_PORT: 8003
        NACOS_SERVERS: ${NACOS_SERVERS}
    volumes:
     - ./logs_03/:/home/nacos/logs/
     - ./data_03/:/home/nacos/data/
     - ./config/:/home/nacos/config/
    networks:
        - ha-network-overlay
networks:
  ha-network-overlay:
    external: true
```

12.3.2　YAML 文件格式及编写注意事项

使用 Compose 对 Docker 容器进行编排管理时，需要编写 docker-compose.yml 文件，初次编写时容易遇到一些比较低级的问题，导致执行 docker-compose up 时出现解析 YAML 文件错误。

比较常见的原因是 YAML 对缩进的严格要求。YAML 文件换行后的缩进不允许使用 tab 键字符，只能使用空格，而空格的数量也有要求。经过实际测试，发现每一行增加一个空格用于缩进是正常的。

YAML 是一种标记语言，它可以很直观地展示数据序列化格式，可读性高。YAML 类似于 XML 数据描述语言，但语法比 XML 简单得多。YAML 数据结构通过缩进来表示，连续的项目通过减号来表示，键值对用英文冒号分隔，数组用方括号（[]）括起来，hash 用花括号（{}）括起来。

使用 YAML 时需要注意以下事项：

- 使用缩进表示层级关系时，不支持 tab 键缩进，只能使用空格键缩进。
- 缩进长度没有限制，只要元素对齐就表示这些元素属于一个层级。
- 通常开头缩进 2 个空格。
- 字符后缩进 1 个空格，如冒号（:）空格、逗号（,）空格、横杠（-）空格、文本之间的空格。
- 用#号注释。
- 如果包含特殊字符用单引号（' '）引起来。
- 布尔值必须用双引号（" "）引起来。
- 区分大小写。
- 字符串可以不用引号标注。

12.3.3　Docker Compose 常用命令

1. docker-compose

命令格式为：docker-compose[-f <arg>...] [options] [COMMAND] [ARGS...]
选项包括：

- -f，--file FILE：指定 Compose 模板文件，默认为 docker-compose.yml，可以多次指定。
- -p，--project-name NAME：指定项目名称，默认使用所在目录名称作为项目名。
- -x-network-driver：使用 Docker 的可拔插网络后端特性（需要 Docker 1.9+版本）。
- -x-network-driver DRIVER：指定网络后端的驱动，默认为 bridge（需要 Docker 1.9+版本）。
- -verbose：输出更多调试信息。
- -v，--version：打印版本并退出。

2. docker-compose up

命令格式为：docker-compose up [options] [--scale SERVICE=NUM...] [SERVICE...]
选项包括：

- -d：在后台运行服务容器。
- --no-color：不使用颜色来区分不同的服务的控制输出。
- --no-deps：不启动服务所链接的容器。
- --force-recreate：强制重新创建容器，不能与--no-recreate 同时使用。
- --no-recreate：如果容器已经存在，则不重新创建，不能与--force-recreate 同时使用。
- --no-build：不自动构建缺失的服务镜像。
- --build：在启动容器前构建服务镜像。
- --abort-on-container-exit：如果任何一个容器被停止，那么就停止所有容器，不能与-d 同时使用。
- -t，--timeout TIMEOUT：停止容器时的超时时间（默认为 10s）。

- --remove-orphans：删除服务中没有在 Compose 文件中定义的容器。
- --scale SERVICE=NUM：设置服务运行容器的个数，将覆盖在 Compose 中通过 scale 指定的参数，见下文 scale 命令的讲解。

docker-compose up 启动所有服务。这个命令一定要记住，每次启动都要用到。
docker-compose up -d 在后台启动所有服务。
-f 指定使用的 Compose 模板文件，默认为 docker-compose.yml，可以多次指定。

```
docker-compose -f docker-compose.yml up -d
```

3. docker-compose ps

命令格式为：docker-compose ps [options] [SERVICE...]
docker-compose ps 命令可以列出项目中目前的所有容器。

4. docker-compose stop

命令格式为：docker-compose stop [options] [SERVICE...]

选项包括：

- -t, --timeout TIMEOUT：停止容器时的超时时间（默认为 10s）。

docker-compose stop 命令用于停止正在运行的容器，可以通过 docker-compose start 命令再次启动。

5. docker-compose -h

docker-compose -h 命令用于查看帮助。

6. docker-compose down

用于停止和删除容器、网络、数据卷、镜像。
命令格式为：docker-compose down [options]
选项包括：

- --rmi type：删除镜像，类型必须是：① all，删除 Compose 文件中定义的所有镜像；② local，删除镜像名为空的镜像。
- -v, --volumes：删除已经在 Compose 文件中定义的和匿名的附在容器上的数据卷。
- --remove-orphans：删除组合文件中未定义的服务的容器。
- -t, --timeout TIMEOUT：以秒为单位指定关机超时时间，默认值为 10s。

7. docker-compose logs

用于查看服务容器的输出。
命令格式为：docker-compose logs [options] [SERVICE...]
默认情况下，docker-compose 将对不同的服务输出使用不同的颜色来区分。可以通过--no-color 选项来关闭颜色。

8. docker-compose build

用于构建（重新构建）项目中的服务容器。

命令格式为：docker-compose build [options] [--build-arg key=val...] [SERVICE...]

选项包括：

- --compress：通过 gzip 压缩构建上下文环境。
- --force-rm：删除构建过程中的临时容器。
- --no-cache：构建镜像过程中不使用缓存。
- --pull：始终尝试通过拉取操作来获取更新版本的镜像。
- -m, --memory MEM：为构建的容器设置内存大小。
- --build-arg key=val：为服务设置 build-time 变量。

服务容器一旦构建，就会带上一个标记名。可以随时在项目目录下运行 docker-compose build 来重新构建服务。

9. docker-compose pull

用于拉取服务依赖的镜像。

命令格式为：docker-compose pull [options] [SERVICE...]

选项包括：

- --ignore-pull-failures：忽略拉取镜像过程中的错误。
- --parallel：多个镜像同时拉取。
- --quiet：拉取镜像过程中不打印进度信息。

10. docker-compose restart

用于重启项目中的服务。

命令格式为：docker-compose restart [options] [SERVICE...]

选项包括：

- -t, --timeout TIMEOUT：指定重启前停止容器的超时时间（默认为 10s）。

11. docker-compose rm

用于删除所有（停止状态的）服务容器。

命令格式为：docker-compose rm [options] [SERVICE...]

选项包括：

- -f, --force：强制直接删除，包括非停止状态的容器。
- -s, --stop：在删除容器前先停止容器。
- -v, --volumes：删除容器所挂载的数据卷。

使用此命令时，推荐先执行 docker-compose stop 命令来停止容器。

12. docker-compose start

用于启动已经存在的服务容器。

命令格式为：docker-compose start [SERVICE...]

13. docker-compose run

用于在指定服务上执行一个命令。

命令格式为：docker-compose run [options] [-v VOLUME...] [-p PORT...] [-e KEY=VAL...] SERVICE [COMMAND] [ARGS...]

例如在指定容器上执行一个 ping 命令：

```
docker-compose run ubuntu ping www.baidu.com
```

14. docker-compose scale

命令格式为：docker compose scale [options] [SERVICE=NUM...]

通过 service=num 的参数设置指定服务运行容器的个数，例如设置指定服务 web、db 运行的容器个数：

```
docker-compose scale web=3 db=2
```

选项为：

- -t, --timeout TIMEOUT：关闭超时时间，默认为 10s。

提示：官方提示不推荐使用此命令。请使用带有 --scale 选项的 up 命令。但需要注意，up 与 --scale 选项一起使用时，与 scale 命令有一些细微的差异，因为它包含了 up 命令的行为。例如：

```
docker-compose up -scale web=2 db=3
```

15. docker-compose pause

用于暂停一个服务容器。

命令格式为：docker-compose pause [SERVICE...]

16. docker-compose kill

用于通过发送 SIGKILL 信号来强制停止服务容器。支持通过 -s 参数来指定发送的信号，例如通过如下指令发送 SIGINT 信号：

```
docker-compose kill -s SIGINT
```

命令格式为：docker-compose kill [options] [SERVICE...]

17. dokcer-compose config

用于验证并查看 Compose 文件配置。

命令格式为：docker-compose config [options]

选项包括：

- --resolve-image-digests: 将镜像标签标记为摘要。
- -q, --quiet: 只验证配置,不输出。当文件配置正确时,不输出任何内容;当文件配置错误时,输出错误信息。
- --services: 打印服务名,一行一个。
- --volumes: 打印数据卷名,一行一个。

18. docker-compose create

用于为服务创建容器。

命令格式为:docker-compose create [options] [SERVICE...]

选项包括:

- --force-recreate: 重新创建容器,即使配置和镜像没有改变。不兼容--no-recreate 参数。
- --no-recreate: 如果容器已经存在,则不需要重新创建。不兼容--force-recreate 参数。
- --no-build: 不创建镜像,即使缺失。
- --build: 创建容器前,生成镜像。

19. docker-compose exec

命令格式为:docker-compose exec [options] SERVICE COMMAND [ARGS...]

选项包括:

- -d: 分离模式,后台运行命令。
- --privileged: 获取特权。
- --user USER: 指定运行的用户。
- -T: 禁用分配 TTY,默认 docker-compose exec 分配 TTY。
- --index=index: 当一个服务拥有多个容器时,可通过该参数登录该服务下的任何服务,例如: docker-compose exec --index=1 web /bin/bash,Web 服务中包含多个容器。

20. docker-compose port

用于显示某个容器端口所映射的公共端口。

命令格式为:docker-compose port [options] SERVICE PRIVATE_PORT

选项包括:

- --protocol=proto: 指定端口协议,TCP(默认值)或者 UDP。
- --index=index: 如果同意服务存在多个容器,那么指定命令对象容器的序号(默认为 1)。

21. docker-compose push

用于推送服务依赖的镜像。

命令格式为:docker-compose push [options] [SERVICE...]

选项包括:

- --ignore-push-failures: 忽略推送镜像过程中的错误。

22. docker-compose unpause

用于恢复处于暂停状态中的服务。

命令格式为：docker-compose unpause [SERVICE...]

23. docker-compose version

用于打印版本信息。

命令格式为：docker-compose version

12.3.4　Docker Compose 常用命令汇总清单

常用命令汇总清单：

- docker-compose COMMAND --help：获得一个命令的帮助。
- docker-compose up -d nginx：构建并启动 nignx 容器。
- docker-compose exec nginx bash：登录到 nginx 容器中。
- docker-compose down：此命令将会停止 up 命令所启动的容器，并移除网络。
- docker-compose ps：列出项目中目前的所有容器。
- docker-compose restart nginx：重新启动 nginx 容器。
- docker-compose build nginx：构建镜像。
- docker-compose build --no-cache nginx：不带缓存构建镜像。
- docker-compose top：查看各个服务容器内运行的进程。
- docker-compose logs -f nginx：查看 nginx 的实时日志。
- docker-compose images：列出 Compose 文件包含的镜像。
- docker-compose config：验证文件配置，当文件配置正确时，不输出任何内容；当文件配置错误时，输出错误信息。
- docker-compose events --json nginx：以 JSON 的形式输出 nginx 容器的 Docker 日志。
- docker-compose pause nginx：暂停 nignx 容器。
- docker-compose unpause nginx：恢复 ningx 容器。
- docker-compose rm nginx：删除容器（删除前必须关闭容器，执行 stop）。
- docker-compose stop nginx：停止 nignx 容器。
- docker-compose start nginx：启动 nignx 容器。
- docker-compose restart nginx：重启项目中的 nignx 容器。
- docker-compose run --no-deps --rm php-fpm php -v：在 php-fpm 中不启动关联容器，并当容器执行完成 php-v 后删除容器。

12.4　使用 Docker Compose 构建 Web 应用

本节通过 docker-compose 命令构建一个在 Docker 中运行的基于 Python Flask 框架的 Web 应用。

Docker 镜像提供了 Python 或 Redis，不需要重复安装。

1. 定义 Python 应用

（1）创建项目目录：

```
$ mkdir composetest
$ cd composetest
$ mkdir src # 源码文件夹
$ mkdir docker # docker 配置文件夹
```

目录结构如下：

```
└── compose_test
    ├── docker
    │   └── docker-compose.yml
    ├── Dockerfile
    └── src
        ├── app.py
        └── requirements.txt
```

（2）在 compose_test/src/ 目录下创建 Python Flask 应用的 compose_test/src/app.py 文件：

```python
from flask import Flask
from redis import Redis

app = Flask(__name__)
redis = Redis(host='redis', port=6379)

@app.route('/')
def hello():
    count = redis.incr('hits')
    return 'Hello World! I have been seen {} times.\n'.format(count)

if __name__ == "__main__":
    app.run(host="0.0.0.0", debug=True)
```

（3）创建 Python 需求文件 compose_test/src/requirements.txt：

```
flask
redis
```

2. 创建容器的 Dockerfile 文件

上面已经介绍了示例项目的目录结构，现在可在 compose_test/ 目录中创建 Dockerfile 文件：

```
FROM python:3.7
COPY src/ / opt/src
WORKDIR /opt/src

RUN pip install -r requirements.txt
CMD ["python", "app.py"]
```

Dockerfile 文件描述了如下信息：

- 从 Python 3.7 的镜像开始构建一个容器镜像。
- 复制 src（即 compose_test/src）目录到容器中的 /opt/src 目录。
- 将容器的工作目录设置为 /opt/src（通过 docker exec -it your_docker_container_id bash 进入容器后的默认目录）。
- 安装 Python 依赖关系。
- 将容器的默认命令设置为 python app.py。

3. 定义 docker-compose 脚本

在 compose_test/docker/ 目录下创建 docker-compose.yml 文件，并在里面定义服务，内容如下：

```
version: '3'
services:
  web:
    build: ../
    ports:
      - "5000:5000"
  redis:
    image: redis:3.0.7
```

该 Compose 文件定义了两个服务，即定义了 web 和 redis 两个容器。

1）web 容器

使用当前 docker-compose.yml 文件所在目录的上级目录（compose_test/Dockerfile）中的 Dockerfile 构建镜像。将容器上的暴露端口 5000 映射到主机上的端口 5000。这里我们使用 Flask Web 服务器的默认端口 5000。

2）redis 容器

redis 服务使用从 Docker Hub 提取的官方 redis 镜像 3.0.7 版本。

4. 使用 Compose 构建并运行应用程序

在 compose_test/docker/ 目录下执行 docker-compose.yml 文件：

```
$ docker-compose up
# 若是要后台运行：$ docker-compose up -d
```

```
# 若不使用默认的 docker-compose.yml 文件名：$ docker-compose -f server.yml up -d
```

然后在浏览器中输入 http://0.0.0.0:5000/ 查看运行的应用程序。

5. 编辑 Compose 文件以添加文件、绑定挂载

上面的代码是在构建时静态复制到容器中的，即通过 Dockerfile 文件中的 COPY src /opt/src 命令将物理主机中的源码复制到容器中，这样在后续物理主机 src 目录中更改代码不会反映到容器中。

可以通过 volumes 关键字实现物理主机目录挂载到容器中的功能（同时删除 Dockerfile 中的 COPY 指令，不需要在创建镜像时将代码打包进镜像，而是通过 volumes 动态挂载，容器和物理主机共享数据卷）：

```
version: '3'
services:
  web:
    build: ../
    ports:
     - "5000:5000"
    volumes:
     - ../src:/opt/src
  redis:
    image: "redis:3.0.7"
```

通过 volumes 将主机上的项目目录（compose_test/src）挂载到容器中的 /opt/src 目录，允许我们即时修改代码，而无须重新构建镜像。

6. 重新构建和运行应用程序

使用更新的 Compose 文件构建应用程序，运行以下命令：

```
$ docker-compose up -d
```

使用 docker-compose ps 来查看当前正在运行的内容：

```
$ docker-compose up -d
Starting composetest_redis_1...
Starting composetest_web_1...
$ docker-compose ps
      Name                  Command              State         Ports
-------------------------------------------------------------------------------
composetest_redis_1    docker-entrypoint.sh redis ...   Up      6379/tcp
composetest_web_1      flask run                        Up      0.0.0.0:8000->5000/tcp
```

第 13 章

Docker Swarm

Docker Swarm 是 Docker 官方提供的集群管理工具，它的主要作用是将 Docker 主机池转变为单个虚拟 Docker 主机，把若干台 Docker 主机抽象为一个整体，并且通过一个入口统一管理这些 Docker 主机上的各种 Docke 资源。Docker Swarm 提供了标准的 Docker API，所有任何已经与 Docker 守护程序通信的工具都可以使用 Swarm 轻松地扩展到多个主机。

本章主要涉及的知识点有：

- Docker Swarm 架构与基本概念。
- 部署 Swarm 集群。
- Docker Swarm 调度策略。
- 滚动升级。
- Docker Swarm 常用指令。

13.1 Docker Swarm 架构与概念

本节主要介绍 Docker Swarm 的架构、相关概念、特点及工作流。

13.1.1 Docker Swarm 架构

Swarm 作为一个管理 Docker 集群的工具，首先需要部署起来，可以单独将 Swarm 部署在一个节点上。另外，还需要一个被管理的 Docker 集群，集群上每一个节点均安装 Docker。Docker Swarm 架构如图 13-1 所示。

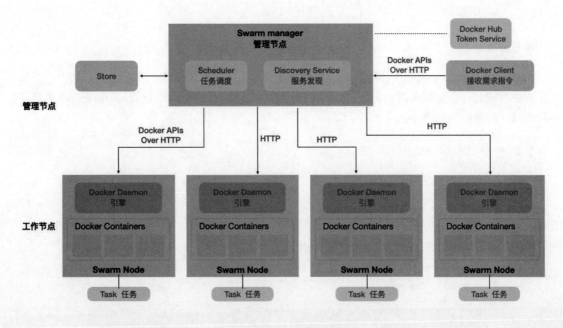

图 13-1　Docker Swarm 架构

13.1.2　Docker Swarm 相关概念

1. Swarm

集群的管理和编排使用的是嵌入 Docker 引擎的 SwarmKit，可以在 Docker 初始化时启动 Swarm 模式或者加入已存在的 Swarm。

2. Node

Node（节点）是 Docker 引擎集群的一个实例，可以将它视为 Docker 节点。可以在单个物理计算机或云服务器上运行一个或多个节点，但生产群集部署通常包括分布在多个物理计算机和云计算机上的 Docker 节点。节点分为两类：

- 管理节点（manager node）：负责整个集群的管理工作，包括集群配置、服务管理等。图 13-2 所示的 available node 就是一个管理节点，主要负责运行相应的服务来执行任务（task），即负责管理集群中的节点并向工作节点分配任务。管理节点还具有维护群集状态所需的编排和集群管理功能。管理节点选择单个领导者来执行编排任务。
- 工作节点（worker node）：接收管理节点分配的任务（Task），运行任务。要将应用程序部署到 swarm，需将服务定义提交给管理节点；管理节点将称为任务的工作单元分派给工作节点；工作节点接收并执行从管理节点分派的任务。默认情况下，管理节点还将服务作为工作节点运行，但可以将它们配置为仅运行管理任务的管理节点。代理程序在每个工作程序节点上运行，并报告分配给它的任务。工作节点向管理节点通知其分配的任务的当前状态，以便管理可以维持每个工作者的期望状态。

查看节点的命令：

```
# docker node ls
```

3. Service

Service 是任务的定义，在管理器或工作节点上执行。它是群体系统的中心结构，是用户与群体交互的主要根源。创建服务时，需要指定要使用的容器镜像。在工作节点运行的服务，由多个任务共同组成。查看服务的命令：

```
# docker service ls
```

4. Task

Task 是运行在工作节点上的容器，或容器中包含的应用，是集群中调度的最小管理单元。管理节点根据指定数量的任务副本分配任务给工作节点。

节点、服务、任务三者的关系如图 13-2 所示。

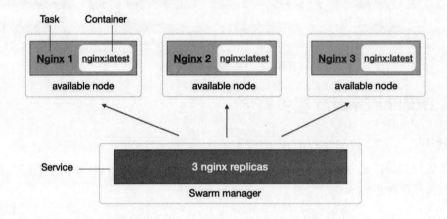

图 13-2　节点、服务、任务三者的关系示意图

13.1.3　Docker Swarm 的特点

1. Docker Engine 集成集群管理

使用 Docker Engine CLI 创建一个 Docker Engine 的 Swarm 模式，以便在集群中部署应用程序服务。

2. 去中心化设计

Swarm 角色分为管理节点和工作节点。管理节点故障不影响应用的使用。

3. 扩容缩容

可以声明每个服务运行的容器数量，通过添加或删除容器自动调整期望的状态。

4. 期望状态协调

Swarm 管理器节点不断监视集群状态，并调整当前状态与期望状态之间的差异。例如，设置一个服务运行 10 个副本容器,如果两个副本的服务器节点崩溃,管理器节点将创建两个新的副本替代崩溃的副本,并将新的副本分配给可用的工作节点。

5. 多主机网络

可以为服务指定 overlay 网络。当初始化或更新应用程序时,Swarm 管理器会自动为 overlay 网络上的容器分配 IP 地址。

6. 服务发现

Swarm 管理器为集群中的每个服务分配唯一的 DNS 记录和负载均衡 VIP。可以通过 Swarm 内置的 DNS 服务器查询集群中每个运行的容器。

7. 负载均衡

实现服务副本负载均衡,提供入口访问。也可以将服务入口暴露给外部负载均衡器以便再次负载均衡。

8. 安全传输

Swarm 中的每个节点使用 TLS 相互验证和加密,确保安全地与其他节点通信。

9. 滚动更新

升级时,逐步将应用服务更新到节点,如果出现问题,可以将任务回滚到先前的版本。

13.1.4 Docker Swarm 的工作流

Swarm 工作流如图 13-3 所示。

Swarm manager:

- API:接收命令并创建 Service 对象(创建对象)。
- Orchestrator:为 Service 对象创建的任务进行编排工作(服务编排)。
- allocater:为各个任务分配 IP 地址(分配 IP)。
- dispatcher:将任务分发到节点(分发任务)。
- scheduler:安排工作节点运行任务。

worker node:

- worker:连接调度器,检查分配的任务(检查任务)。
- executor:执行分配给工作节点的任务(执行任务)。

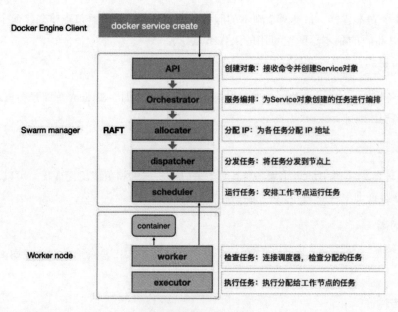

图 13-3　Swarm 工作流

13.2　部署 Swarm 集群

本节主要介绍如何部署 Swarm 集群。

13.2.1　准备工作

在部署前需搭建由一个管理器和两个工作节点构成的集群环境，如表 13-1 所示。

表 13-1　集群环境构成

角色	IP	HOSTNAME
manager	192.168.164.139	docker1
worker	192.168.164.140	worker1
Worker	192.168.164.141	worker2

由于每个节点名默认为主机名，因此需要修改每台虚拟机的主机名，修改方式如下：

（1）通过"hostname 主机名"修改机器的主机名（立即生效，重启后失效）。

（2）通过"hostnamectl set-hostname 主机名"修改机器的主机名（立即生效，重启也生效）。

（3）通过"vi /etc/hosts"编辑 hosts 文件，给 127.0.0.1 添加主机名（重启生效）。

防火墙开启以下端口或者关闭防火墙：

- TCP 端口 2377：用于集群管理通信。
- TCP 和 UDP 端口 7946：用于节点之间通信。
- UDP 端口 4789：用于覆盖网络。

13.2.2 创建集群

在 192.168.164.139 机器上执行 docker swarm init 指令，初始化一个新的 Swarm 集群，该节点会默认初始化为一个管理节点。

通常，第一个加入集群的管理节点将成为 Leader，后来加入的管理节点都是 Reachable。当前的 Leader 如果挂掉，那么所有的 Reachable 将重新选举一个新的 Leader。

```
$docker swarm init --advertise-addr=192.168.164.139
Swarm initialized: current node (mgt6yluowiew5m17w19ptswfo8) is now a manager.

To add a worker to this swarm, run the following command:

    docker swarm join --token SWMTKN-1-2bzts7ixriwa7fg4d81etljp0i7qoi299975v8n7xq2wgn5wph-82jgyj6xv4h4cuqnv3vujbmew 192.168.164.139:2377

To add a manager to this swarm, run 'docker swarm join-token manager' and follow the instructions.
```

用 192.168.164.139 节点为 Leader 建立了一个 Swarm 集群，且仅存在 192.168.164.139 这一个管理节点。

13.2.3 加入集群

Docker 中内置的集群模式自带了公钥基础设施（PKI）系统，使得安全部署容器变得简单。集群中的节点使用传输层安全协议（TLS），对集群中其他节点的通信进行身份验证、授权和加密。

管理节点会生成两个令牌，供其他节点加入集群时使用：一个 worker 令牌，一个 manager 令牌。每个令牌都包括根 CA 证书的摘要和随机生成的密钥。当节点加入群集时，加入的节点使用摘要来验证来自远程管理节点的根 CA 证书；远程管理节点使用密钥来确保加入的节点是批准的节点。

若要向该集群添加管理节点，则管理节点先运行 docker swarm join-token manager 命令查看管理节点的令牌信息。

```
$ docker swarm join-token manager
To add a manager to this swarm, run the following command:

    docker swarm join --token SWMTKN-1-2bzts7ixriwa7fg4d81etljp0i7qoi299975v8n7xq2wgn5wph-82jgyj6xv4h4cuqnv3vujbmew 192.168.164.139:2377
```

在需要加入的机器上执行上述指令，即可作为从节点加入 manager 集群中。

在初始化集群后，在其返回的结果中，会提供加入工作节点的指令，用户只需在对应机器上执行这些指令即可；或通过 docker swarm join-token worker 来获取相应的 token 令牌：

```
$ docker swarm join-token worker
To add a worker to this swarm, run the folling command:
    docker swarm join --token
SWMTKN-1-2bzts7ixriwa7fg4d81etljp0i7qoi299975v8n7xq2wgn5wph-82jgyj6xv4h4cuqnv3v
ujbmew 192.168.164.139:2377
```

在 worker1 和 worker2 节点上分别执行上述命令：

```
$ docker swarm join --token
SWMTKN-1-2bzts7ixriwa7fg4d81etljp0i7qoi299975v8n7xq2wgn5wph-82jgyj6xv4h4cuqnv3v
ujbmew 192.168.164.139:2377
This node joined a swarm as a worker
```

13.2.4 查看集群节点信息

通过 docker info 可以看到每个节点的 Docker 相关信息（服务、网络、镜像等）和 Swarm 集群信息等。

```
$ docker info
Client:
  Debug Mode: false

Server:
 Containers: 0
  Running: 0
  Paused: 0
  Stopped: 0
 Images: 23
 Server Version: 20.10.17
 Storage Driver: overlay2
  Backing Filesystem: xfs
  Supports d_type: true
  Native Overlay Diff: true
 Logging Driver: json-file
 Cgroup Driver: cgroupfs
 Plugins:
  Volume: local
  Network: bridge host ipvlan macvlan null overlay
  Log: awslogs fluentd gcplogs gelf journald json-file local logentries splunk
```

```
syslog
    Swarm: active
     NodeId: axg2n4x33slg893x201o208fa
     Is Manager: false
     Node Address: 192.168.164.141
     Manager Addresses:
       192.168.164.139:2377
    Runtimes: runc
    Default Runtime: runc
    Init Binary: docker-init
```

可以在管理节点上通过 docker node ls 指令查看集群环境下各个节点的信息:

```
$ docker node ls
ID                           HOSTNAME   STATUS  AVAILABILITY  MANAGER STATUS  ENGINE VERSION
tcn6elh3tbo5lx7q19pwtspfa8 * docker01   Ready   Activie       Leader          20.10.17
sw2antd757uvcft7wyx7u26m   * worker2    Ready   Activie                       20.10.17
axg2n4x33slg893x201o208fa  * worker2    Ready   Activie                       20.10.17
```

MANAGER STATUS 表示节点是属于 manager 还是 worker,值为空则属于 worker 节点。其取值说明如下:

- Leader: 该节点是管理节点中的主节点,负责该集群的集群管理和编排决策。
- Reachable: 该节点是管理节点中的从节点,如果 Leader 节点不可用,则该节点有资格被选为新的 Leader。
- Unavailable: 该管理节点已不能与其他管理节点通信。如果管理节点不可用,则应该将新的管理节点加入群集,或者将工作节点升级为管理节点。

AVAILABILITY 表示调度程序是否可以将任务分配给该节点,其取值说明如下:

- Active: 调度程序可以将任务分配给该节点。
- Pause: 调度程序不会将新任务分配给该节点,但现有任务仍可以运行。
- Drain: 调度程序不会将新任务分配给该节点,并且会关闭该节点所有现有任务,将它们调度在可用的节点上。

13.2.5 删除节点

删除管理节点之前首先需要将该节点的 AVAILABILITY 改为 Drain,目的是将该节点的服务迁移到其他可用节点上,以确保服务正常。命令格式如下:

```
docker node update --availability drain 节点名称|节点ID
$ docker node update --availability=drain docker01
docker01
```

```
$ docker node ls
ID HOSTNAME STATUS AVAILABILITY  MANAGER STATUS   ENGINE VERSION
tcn6elh3tbo5lx7q19pwtspfa8 * docker01 Ready Drain Leader    20.10.17
sw2antd757uvcft7wyx7u26m * worker2 Ready Activie             20.10.17
axg2n4x33slg893x201o208fa * worker2 Ready Activie            20.10.17
```

然后将该管理节点进行降级处理，降级为工作节点，命令格式如下：

```
docker node demote 节点名称|节点 ID
```

这里只创建了一个管理节点，如果将它降级为工作节点，则没有管理节点了，会导致 Swarm 集群不可用。因此，执行上述命令时，会抛出异常：

```
docker node demote docker01
Error response from daemon: rpc error: code = FailedPrecondition desc = attempting to demote the last manager of the swarm
```

然后，在已经降级为工作的节点中运行以下命令，离开集群：

```
docker swarm leave
```

最后，在管理节点中删除刚才离开的节点：

```
docker node rm 节点名称|节点 ID
Worker
```

同理，worker 节点也需要将 Availability 改为 Drain，命令格式如下：

```
docker node update --availability drain 节点名称|节点 ID
```

需要注意，在管理节点上才能具有管理功能，否则就会报错：

```
docker update --availability=drain workder1
Error response from daemon: This node is not a swarm manager. Worker nodes can't be used to view or modify cluster state. Please run this command on a manager node or promote the current node to a manager.
```

在管理节点上执行以下命令：

```
docker update --availability=drain workder1
worker1

docker node ls
ID HOSTNAME STATUS AVAILABILITY  MANAGER STATUS   ENGINE VERSION
tcn6elh3tbo5lx7q19pwtspfa8 * docker01 Ready Drain Leader    20.10.17
sw2antd757uvcft7wyx7u26m * worker2 Ready Drain              20.10.17
axg2n4x33slg893x201o208fa * worker2 Ready Activie           20.10.17
```

然后，在已经降级为工作的节点中运行以下命令，离开集群：

```
docker swarm leave
Node left the swarm.
```

最后，在管理节点中删除刚才离开的节点，命令格式如下：

```
docker node rm 节点名称|节点 ID
```

需切换到管理节点执行：

```
docker node rm worker1
worker1
docker node ls
ID HOSTNAME STATUS AVAILABILITY  MANAGER STATUS   ENGINE VERSION
tcn6elh3tbo5lx7q19pwtspfa8 * docker01 Ready Drain Leader     20.10.17
axg2n4x33slg893x201o208fa * worker2 Ready Activie            20.10.17
```

至此，Swarm 集群的基础操作就完成了。

13.2.6　创建服务

服务创建操作均只能在管理节点上执行。创建一个 nginx 服务，该服务会由管理器随机分配到某个集群的节点上进行部署启动。

```
docker service create --replicas 1 --name mynginx -p 80:80 nginx:latest
```

可以通过 docker service ls 查看运行的服务。

```
docker service ls
ID         NAME     MODE     REPLICAS  IMAGE         PORTS
gddjwkiww17x   mynginx  replicated  1/1     nginx:latest*:80->80/tcp
```

可以通过 "docker service inspect 服务名称|服务 id" 查看服务的详细信息：

```
docker service inspect mynginx
```

可以通过 "docker service ps 服务名称|服务 id" 查看服务运行在哪些节点上。

```
docker service ps mynginx
```

在对应的任务节点上运行 docker ps，可以查看该服务对应容器的相关信息。

通过 "docker service rm 服务名称|服务 id" 即可删除服务，删除服务仍需在管理节点上执行：

```
docker service rm mynginx
```

13.2.7 弹性扩缩容

将 Service 部署到集群以后，可以通过命令弹性扩缩容 Service 中的容器数量。扩缩容操作均只能在管理节点执行。在 Service 中运行的容器被称为 Task（任务）。

通过 "docker service scale 服务名称|服务 ID=n" 可以将 Service 运行的任务扩缩容为 n 个。

通过 "docker service update --replicas n 服务名称|服务 ID" 也可以达到扩缩容的效果。

```
docker service update --replicas 2 mynginx
mynginx
overall progress: 2 out of 2 tasks
1/2: running   [==========================>]
2/2: running   [==========================>]
verify: service converged
```

接下来可以进行缩容：

```
docker service scale mynginx=1
```

13.3 Docker Swarm 调度策略

Swarm 在调度（scheduler）节点（Leader 节点）运行容器的时候，会根据指定的策略来计算最适合运行容器的节点，目前支持的策略有三种，分别是：spread、binpack、random。

1) random

random 就是随机选择一个节点来运行容器，一般用于调试。spread 和 binpack 策略会根据各个节点的可用的 CPU、RAM 以及正在运行的容器的数量来计算应该运行容器的节点。

2) spread

在同等条件下，spread 策略会选择运行容器最少的那个节点来运行新的容器，binpack 策略会选择运行容器最集中的那个节点来运行新的容器。

使用 spread 策略会使得容器均衡地分布在集群中的各个节点上。一个节点挂掉，也只会损失少部分的容器。

3) binpack

binpack 策略最大化地避免了容器碎片化，也就是说 binpack 策略尽可能地把还未使用的节点留给需要更大空间的容器运行，尽可能地把容器运行在一个节点上面。

13.4 滚动升级

Docker Swarm 可以实现服务的平滑升级，即服务不停机更新，客户端无感知。本节通过一个简单示例演示 Docker Swarm 的平滑升级。

首先部署一个基于 nginx 的 Web 应用程序服务,部署在节点上。再创建同一个应用的两个版本: version 1 和 version 2。

创建一个 Dockerfile 文件,并使用 docker build 进行编译。

```
FROM nginx
RUN echo 'Swarm:Version 1 ' > /usr/share/nginx/html/index.html
```

注意:为了使得 Swarm 集群中的每个节点都能访问镜像,这里把生成的镜像上传到镜像仓库中。

```
docker login
docker build -t fodertest/mynginx:v1 .
docker push fodertest/mynginx:v1
```

创建 Swarm 的服务,通过镜像启动容器:

```
docker service create -p 7788:80 --replicas 3 --name myswarmtest fodertest/mynginx:v1
```

通过 docker service ls 查看部署的服务:

```
$ docker server ls
ID           NAME        MODE       REPLICAS  IMAGE
0e67bn3ue9g  myswarmtest replicated 3/3       fodertest/mynginx:v1
```

通过 docker service ps myswarmtest 查看部署服务的详细信息:

```
$ docker server ps myswarmtest
ID           NAME           IMAGE                 NODE     RESIRED STATE  CURRENT STATE
6gcwb0qarxs8 myswarmtest.1  fodertest/mynginx:v1  node2    Running        Running 8 min
e60qr9am2se5 myswarmtest.2  fodertest/mynginx:v1  node1    Running        Running 8 min
8gnk39nx9nfn myswarmtest.3  fodertest/mynginx:v1  manager  Running        Running 8 min
```

更新 Dockerfile,注意将版本号变为 2:

```
FROM nginx
RUN echo 'Swarm:Version 2 ' > /usr/share/nginx/html/index.html
```

使用 docker build 进行编译:

```
docker build -t fodertest/mynginx:v2 .
```

使用 docker push 上传到 Docker Hub:

```
docker push fodertest/mynginx:v2
```

更新之前在 Swarm 部署的服务,将会发现版本号变成了 2:

```
docker service update --image fodertest/mynginx:v2 myswarmtest
```

滚动服务更新涉及的操作命令如下:

- docker service create --replicas 3 --name redis --update-delay 10s redis:3.0.6
- docker service inspect --pretty redis
- docker service update --image redis:3.0.7 redis
- docker service inspect --pretty redis
- docker service ps redis

通过以上命令方式来配置服务。如果对服务的更新导致重新部署失败,则该服务可以自动回滚到以前的配置,这有助于提升服务的可用性。如表 13-2 所示,可以在创建或更新服务时设置表中的一个或多个选项。如果未设置值,则使用默认值。

表13-2 创建或更新服务时的命令选项

选 项	默 认 值	描 述
--rollback-delay	0s	在回滚任务结束后、回滚下一个任务之前要等待的时间。0 表示在第一个回滚任务部署完成后立即回滚第二个任务的方法值
--rollback-failure-action	pause	当任务无法回滚时,无论是 pause 还是 continue,都试图回滚其他任务
--rollback-max-failure-ratio	0	在回滚期间容忍的故障率,指定为 0~1 的浮点数。例如,给定 5 个任务,故障率 0.2 会容忍一个任务无法回滚。值为 0 则表示实例没有故障被容忍,而值为 1 则表示实例的任何数量的故障都可被容忍
--rollback-monitor	5s	每个任务回滚之后的持续时间,用来监视回滚是否失败。如果任务在此时间段过去之前停止,则认为回滚失败
--rollback-parallelism	1	并行回滚的最大任务数。默认情况下,一次回滚一个任务。值为 0 表示所有任务并行回滚

13.5 Docker Swarm 常用指令

1. Docker Swarm 指令

Docker Swarm 指令如表 13-3 所示。

表13-3 Docker Swarm指令

指 令	说 明
docker swarm init	初始化集群
docker swarm join-token worker	查看工作节点的 token
docker swarm join-token manager	查看管理节点的 token
docker swarm join	加入集群

2. Docker Node 指令

Docker Node 指令如表 13-4 所示。

表13-4　Docker Node指令

指　令	说　明
docker node ls	查看集群所有节点
docker node ps	查看当前节点的所有任务
docker node rm 节点名称|节点 ID	删除节点（-f 强制删除）
docker node inspect 节点名称|节点 ID	查看节点详情
docker node demote 节点名称|节点 ID	节点降级，由管理节点降级为工作节点
docker node promote 节点名称|节点 ID	节点升级，由工作节点升级为管理节点
docker node update 节点名称|节点 ID	更新节点

3. Docker Service 指令

Docker Service 指令如表 13-5 所示。

表13-5　Docker Service指令

指　令	说　明
docker service create	创建服务
docker service ls	查看所有服务
docker service inspect 服务名称|服务 ID	查看服务详情
docker service logs 服务名称|服务 ID	查看服务日志
docker service rm 服务名称|服务 ID	删除服务（-f 强制删除）
docker service scale 服务名称|服务 ID=n	设置服务数量
docker service rollback 服务名称|服务 ID	服务回滚
docker service update 服务名称|服务 ID	更新服务，其中可以支持扩缩容、回滚、滚动更新等功能；详细用法可通过 docker service update-help 命令查看

第 14 章

Docker 实战应用

Docker 提供自动化部署方式，具有较好的灵活性，且在多个应用程序之间能够做到解耦，提供了开发上的敏捷性、可控性以及可移植性。本章将重点介绍如何使用 Docker 部署 Web 应用。

本章实战的运行环境为 macOS，如果读者使用 Windows 或者 Ubuntu 操作系统进行学习，操作结果以读者系统上实际运行的结果为准。

本章主要涉及的知识点有：

- 创建 Web 应用及镜像。
- 创建 Server 应用及镜像。
- 创建跨域转发。
- 部署 MySQL。

14.1 Web 应用概要

整体 Docker 实战应用的 Web 应用项目概要包括以下几个方面：

（1）创建项目：使用 Vue CLI 创建一个 Vue 项目，在页面上编写一个前端接口请求。

（2）构建资源：基于 Nginx Docker 镜像构建一个前端工程镜像，然后基于该前端工程镜像启动一个容器 vue nginx container。

（3）启动容器：启动一个基于 Node 镜像的容器 node web server，提供后端接口。

（4）修改 vue nginx container 的 Nginx 配置，使前端页面的接口请求转发到 node web server 上。

14.2 创建 Web 应用

为了简单起见,这里使用 Vue 项目作为示例。首先,使用 Vue CLI 创建一个 Vue 项目。
安装 Vue CLI:

```
npm install -g @vue/cli
# OR
yarn global add @vue/cli
```

安装之后,可以用以下命令来查看 Vue 版本:

```
vue --version
```

创建一个 Vue 项目,可运行以下命令进行创建:

```
vue create vueclidemo
```

启动项目:

```
cd vueclidemo
npm run serve
```

访问 http://localhost:8081 可以看到效果,如图 14-1 所示。

图 14-1　Web 项目启动

在 App.vue 中将 HelloWorld 组件中的 msg 改为 "Hello Docker"，在 created 生命周期中加入一个接口请求：

```
<template>
  <div id="app">
    <img alt="Vue logo" src="./assets/logo.png">
    <HelloWorld msg="Hello Docker"/>
  </div>
</template>

<script>
import HelloWorld from './components/HelloWorld.vue'
import axios from 'axios';

export default {
  name: 'App',
  components: {
    HelloWorld
  },
  created: function () {
    axios.get('/api/json', {
      params: {}
    }).then((res) => {
      console.log(res);
    }).catch((error) => {
      console.log(error);
    })
  }
}
</script>
```

在控制台可以看到效果，如图 14-2 所示。

图 14-2　在 Web 项目中增加请求

14.3　构建 Web 镜像

首先，对 Vue 项目进行构建：

```
yarn build
# OR
npm run build
```

此时工程根目录下多出一个 dist 文件夹，如图 14-3 所示。

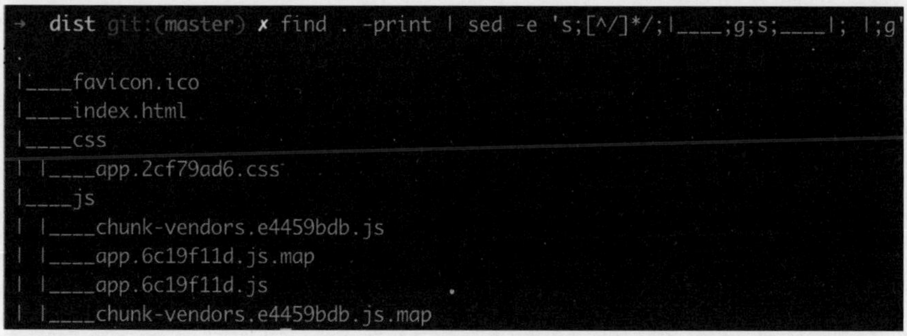

图 14-3　Vue 项目构建结果

接下来构建一个静态资源站点，这里我们选用 Nginx 镜像作为基础来构建 Vue 应用镜像。获取 Nginx 镜像：

```
docker pull nginx
```

结果如图 14-4 所示。

```
→  vueclidemo git:(master) ✗ docker pull nginx
Using default tag: latest
latest: Pulling from library/nginx
3d898485473e: Pull complete
3f45c0a5377f: Pull complete
f1cdcf23708a: Pull complete
a73e5a7988e9: Pull complete
43509f6ae4b3: Pull complete
8460b172ee88: Pull complete
Digest: sha256:0b970013351304af46f322da1263516b188318682b2ab1091862497591189ff1
Status: Downloaded newer image for nginx:latest
docker.io/library/nginx:latest
```

图 14-4　获取 Nginx 镜像

创建 Nginx Config 配置文件，在项目根目录下创建 nginx 文件夹，该文件夹下新建文件 default.conf：

```
server {
  listen       80;
  server_name  localhost;

  #charset koi8-r;
  access_log  /var/log/nginx/host.access.log  main;
  error_log  /var/log/nginx/error.log  error;

  location / {
    root   /usr/share/nginx/html;
    index  index.html index.htm;
  }

  #error_page  404              /404.html;

  # redirect server error pages to the static page /50x.html
  #
  error_page   500 502 503 504  /50x.html;
  location = /50x.html {
    root   /usr/share/nginx/html;
  }
```

}

该配置文件定义了首页的指向为/usr/share/nginx/html/index.html，所以我们把构建出来的 index.html 文件和相关的静态资源放到/usr/share/nginx/html 目录下。

创建 Dockerfile 文件，编写配置项：

```
FROM nginx
COPY dist/ /usr/share/nginx/html/
COPY default.conf /etc/nginx/conf.d/default.conf
```

自定义构建镜像是基于 Dockerfile 来构建的，其中：

- FROM nginx 命令的意思是该镜像是基于 nginx:latest 镜像构建的。
- COPY dist/ /usr/share/nginx/html/命令的意思是将项目根目录下 dist 文件夹下的所有文件复制到镜像中/usr/share/nginx/html/目录下。
- COPY nginx/default.conf /etc/nginx/conf.d/default.conf 命令的意思是将 nginx 目录下的 default.conf 复制到 etc/nginx/conf.d/default.conf，用本地的 default.conf 配置来替换 Nginx 镜像里的默认配置。

运行如下命令，基于该 Dockerfile 构建 Vue 应用镜像：

```
docker build -t vuenginxcontainer .
```

其中，-t 是给镜像命名，"."是基于当前目录的 Dockerfile 来构建镜像。结果如图 14-5 所示。

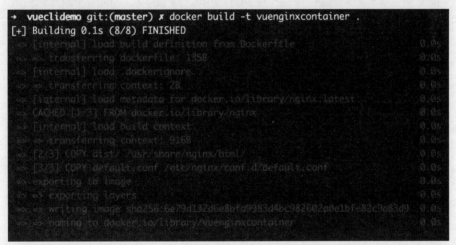

图 14-5 构建 Web 镜像

运行以下命令查看本地镜像：

```
docker image ls | grep vuenginxcontainer
```

结果如图 14-6 所示。

```
➜ vueclidemo git:(master) x docker image ls
REPOSITORY              TAG         IMAGE ID        CREATED             SIZE
vuenginxcontainer       latest      6e79d132d6e8    About a minute ago  135MB
docker101tutorial       latest      e9456c5d0f0b    7 hours ago         27.5MB
alpine/git              latest      36367a1d05cc    13 days ago         43.2MB
nginx                   latest      0c404972e130    2 weeks ago         135MB
mysql/mysql-server      latest      e588e8734686    2 months ago        471MB
mysql                   5.7.16      d9124e6c552f    5 years ago         383MB
➜ vueclidemo git:(master) x docker image ls | grep vuenginxcontainer
vuenginxcontainer       latest      6e79d132d6e8    About a minute ago  135MB
➜ vueclidemo git:(master) x
```

图 14-6　查看本地镜像

基于 vuenginxcontainer 镜像启动 vueApp 容器，命令如下：

```
docker run -p 3000:80 -d --name vueApp vuenginxcontainer
```

其中，docker run 表示基于镜像启动一个容器，参数说明：

- -p 3000:80：端口映射，将宿主机的 3000 端口映射到容器的 80 端口。
- -d：后台方式运行。
- --name vueApp：vueApp 为容器名。

再查看一下运行的容器：

```
docker ps
```

可以发现名为 vueApp 的容器已经运行起来。此时访问 http://localhost:3000 就能访问到该 Vue 应用，如图 14-7 所示。

图 14-7　容器运行成功

14.4 创建接口服务

本节将部署一个节点的容器来提供接口服务。为了简单起见，使用 Node.js Web 框架 Express 来写一个服务，注册一个返回 JSON 数据格式的路由 app.js：

```
'use strict';

const express = require('express');

const PORT = 8080;
const HOST = '0.0.0.0';

const app = express();
app.get('/', (req, res) => {
res.send('Hello world\n');
});

app.get('/json', (req, res) => {
res.json({
   code: 0,
   data :'This is message from node container'
})
});

app.listen(PORT, HOST);
console.log(`Running on http://${HOST}:${PORT}`);
```

在 package 中添加配置：

```
"scripts": {
  "test": "echo \"Error: no test specified\" && exit 1",
  "start": "node app.js"
},
```

在本地运行 npm start 命令即可启动，如图 14-8 所示。

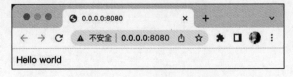

图 14-8　本地启动 node 服务

运行该 Express 应用需要节点环境，下一节我们基于节点镜像来构建一个新镜像。

14.5　构建 Server 镜像

获取节点镜像：

```
docker pull node
```

运行结果如图 14-9、图 14-10 所示。

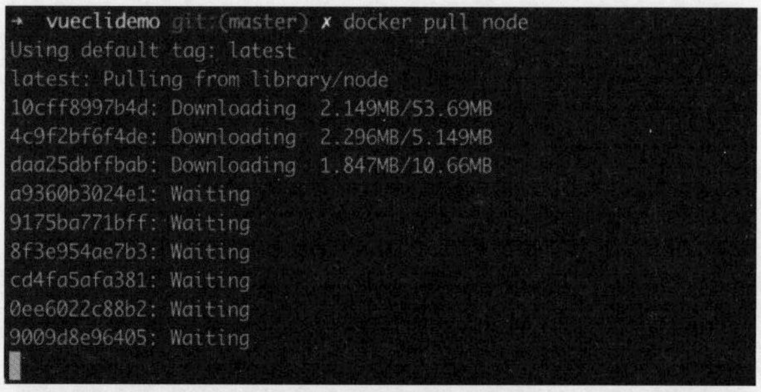

图 14-9　Node 镜像获取中

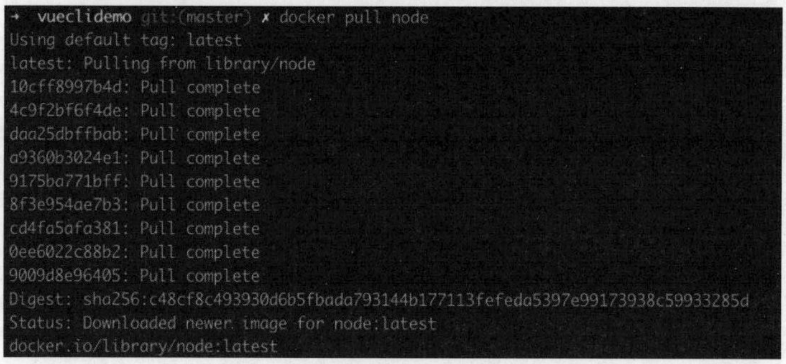

图 14-10　Node 镜像获取成功

编写 Dockerfile 文件，将 Express 应用 Docker 化：

```
FROM node

WORKDIR /usr/src/app

COPY package*.json ./

RUN npm install

COPY . .
```

```
EXPOSE 8080
CMD [ "npm", "start" ]
```

构建镜像的时候，node_modules 的依赖直接通过 RUN npm install 来安装，在项目中创建一个 .dockerignore 文件来忽略一些可以直接跳过的文件：

```
node_modules
npm-debug.log
```

运行构建命令，构建 nodewebserver 镜像：

```
docker build -t nodewebserver .
```

结果如图 14-11 所示。

图 14-11　构建 nodewebserver 镜像

基于刚刚构建的 nodewebserver 镜像，启动一个名为 nodeserver 的容器来提供 8080 端口的接口服务，并映射宿主机的 5000 端口：

```
docker run -p 5000:8080 -d --name nodeserver nodewebserver
```

查看当前 Docker 进程：

```
docker ps
```

结果如图 14-12 所示。

图 14-12　查看 nodewebserver 进程

可以发现 nodeserver 的容器也正常运行起来。访问 http://localhost:5000/json 就能在页面上看到前面编写的 JSON 数据，如图 14-13 所示。

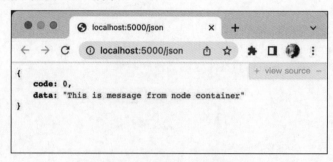

图 14-13　NodeServer 容器启动成功

到目前为止，后端接口服务也正常启动了。最后只需把页面请求的接口转发到后端接口服务，就能调通接口了。

14.6　跨域转发请求

想要将 vueApp 容器上的请求转发到 nodeserver 容器上，首先需要知道 nodeserver 容器的 IP 地址和端口。目前已知 nodeserver 容器内部服务监听在 8080 端口，还需要知道 IP 地址。

可以直接进入容器内部查看容器的 IP 地址：

```
docker exect -it 0291fae191d9 bash
cat /etc/hosts
```

结果如图 14-14 所示。

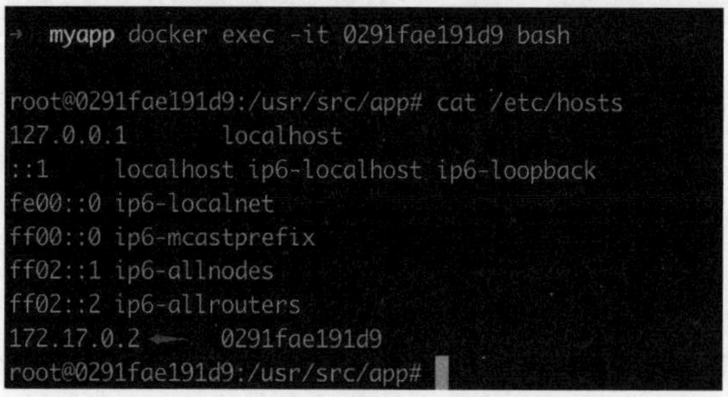

图 14-14　查看容器 IP 地址

或者通过 docker inspect [containerId] 直接查看容器信息，在其中找到 Networks 相关配置：

```
docker inspect 0291fae191d9
[
    {
        "Id":
```

```
"0291fae191d94a5da525f604a97b382eed38af58aca7f1ac62c2aff660b705f3",
        "Created": "2022-10-03T15:37:53.594837051Z",
        "Path": "docker-entrypoint.sh",
        "Args": [
            "npm",
            "start"
        ],
        "State": {
            "Status": "running",
            "Running": true,
            "Paused": false,
            "Restarting": false,
            "OOMKilled": false,
            "Dead": false,
            "Pid": 10395,
            "ExitCode": 0,
            "Error": "",
            "StartedAt": "2022-10-03T15:37:53.964017343Z",
            "FinishedAt": "0001-01-01T00:00:00Z"
        },
        "Image":
"sha256:8d98421d4cd13e0dd316d2df87bfabce69127bc44a082f56b4da4aed9bb22ae4",
        "ResolvConfPath":
"/var/lib/docker/containers/0291fae191d94a5da525f604a97b382eed38af58aca7f1ac62c
2aff660b705f3/resolv.conf",
        "HostnamePath":
"/var/lib/docker/containers/0291fae191d94a5da525f604a97b382eed38af58aca7f1ac62c
2aff660b705f3/hostname",
        "HostsPath":
"/var/lib/docker/containers/0291fae191d94a5da525f604a97b382eed38af58aca7f1ac62c
2aff660b705f3/hosts",
        "LogPath":
"/var/lib/docker/containers/0291fae191d94a5da525f604a97b382eed38af58aca7f1ac62c
2aff660b705f3/0291fae191d94a5da525f604a97b382eed38af58aca7f1ac62c2aff660b705f3-
json.log",
        "Name": "/nodeserver",
        "RestartCount": 0,
        "Driver": "overlay2",
```

```json
            "Platform": "linux",
            "MountLabel": "",
            "ProcessLabel": "",
            "AppArmorProfile": "",
            "ExecIDs": [
                "2d6a514bcc6d41ae40720b56df017ca7fbd3af538f41292b9c9ecccab5cc3192"
            ],
            "HostConfig": {
                "Binds": null,
                "ContainerIDFile": "",
                "LogConfig": {
                    "Type": "json-file",
                    "Config": {}
                },
                "NetworkMode": "default",
                "PortBindings": {
                    "8080/tcp": [
                        {
                            "HostIp": "",
                            "HostPort": "5000"
                        }
                    ]
                },
                "RestartPolicy": {
                    "Name": "no",
                    "MaximumRetryCount": 0
                },
                "AutoRemove": false,
                "VolumeDriver": "",
                "VolumesFrom": null,
                "CapAdd": null,
                "CapDrop": null,
                "CgroupnsMode": "private",
                "Dns": [],
                "DnsOptions": [],
                "DnsSearch": [],
                "ExtraHosts": null,
```

```
"GroupAdd": null,
"IpcMode": "private",
"Cgroup": "",
"Links": null,
"OomScoreAdj": 0,
"PidMode": "",
"Privileged": false,
"PublishAllPorts": false,
"ReadonlyRootfs": false,
"SecurityOpt": null,
"UTSMode": "",
"UsernsMode": "",
"ShmSize": 67108864,
"Runtime": "runc",
"ConsoleSize": [
    0,
    0
],
"Isolation": "",
"CpuShares": 0,
"Memory": 0,
"NanoCpus": 0,
"CgroupParent": "",
"BlkioWeight": 0,
"BlkioWeightDevice": [],
"BlkioDeviceReadBps": null,
"BlkioDeviceWriteBps": null,
"BlkioDeviceReadIOps": null,
"BlkioDeviceWriteIOps": null,
"CpuPeriod": 0,
"CpuQuota": 0,
"CpuRealtimePeriod": 0,
"CpuRealtimeRuntime": 0,
"CpusetCpus": "",
"CpusetMems": "",
"Devices": [],
"DeviceCgroupRules": null,
"DeviceRequests": null,
```

```
            "KernelMemory": 0,
            "KernelMemoryTCP": 0,
            "MemoryReservation": 0,
            "MemorySwap": 0,
            "MemorySwappiness": null,
            "OomKillDisable": null,
            "PidsLimit": null,
            "Ulimits": null,
            "CpuCount": 0,
            "CpuPercent": 0,
            "IOMaximumIOps": 0,
            "IOMaximumBandwidth": 0,
            "MaskedPaths": [
                "/proc/asound",
                "/proc/acpi",
                "/proc/kcore",
                "/proc/keys",
                "/proc/latency_stats",
                "/proc/timer_list",
                "/proc/timer_stats",
                "/proc/sched_debug",
                "/proc/scsi",
                "/sys/firmware"
            ],
            "ReadonlyPaths": [
                "/proc/bus",
                "/proc/fs",
                "/proc/irq",
                "/proc/sys",
                "/proc/sysrq-trigger"
            ]
        },
        "GraphDriver": {
            "Data": {
                "LowerDir":
"/var/lib/docker/overlay2/c67db69595a3d2745789eee54b6a12386ed738bf6b53966bc9319
d3359ee5e78-init/diff:/var/lib/docker/overlay2/u9pr9y9lnm890bdrxjm7meqhg/diff:/
var/lib/docker/overlay2/glru0ggd0eur0qypu0app3i26/diff:/var/lib/docker/overlay2
```

```
/q1kzp68yret1betfoa9fds7ul/diff:/var/lib/docker/overlay2/lgt0w3gn646goiahzjy37j
0az/diff:/var/lib/docker/overlay2/b2e2e48c06bb456adb8952fe23dff03d5d5b865a5f2f4
47e9a509e8a313b07ce/diff:/var/lib/docker/overlay2/ef3604deba46846231ee0e40f178f
4e2cf03e5111ca2477886bf60eb8a6a4f41/diff:/var/lib/docker/overlay2/1a10ca595b0a7
b272799eccc704dca36bb79015031ef2ba4e350d22d7d0f9a4e/diff:/var/lib/docker/overla
y2/31752c35ff63efcd90c5b608c92d43dcf5fee785f95b165696a7050dedb1d524/diff:/var/l
ib/docker/overlay2/b0f905a119cb66ba1ea931d45475fa32bcf19b0d41d6413fea341bd57ead
6670/diff:/var/lib/docker/overlay2/52d625d856855fd0cd487c10f5885bd796d5e0ad34af
404ac1f1004eb44e910c/diff:/var/lib/docker/overlay2/ca2cb03c63eb1b8c95d41b11639d
ae6b01bd3aa7dfbfe22bd180c891ddc00f84/diff:/var/lib/docker/overlay2/e2a3642aecbd
446d6c5d30c0cad1c6012fecae2cd9752a3cd1b788302c31f81b/diff:/var/lib/docker/overl
ay2/a87c5e22eaa918efdbac8d5a670ced59b5caf69f74807e8be96b44d6a45aa7ab/diff",
                "MergedDir":
"/var/lib/docker/overlay2/c67db69595a3d2745789eee54b6a12386ed738bf6b53966bc9319
d3359ee5e78/merged",
                "UpperDir":
"/var/lib/docker/overlay2/c67db69595a3d2745789eee54b6a12386ed738bf6b53966bc9319
d3359ee5e78/diff",
                "WorkDir":
"/var/lib/docker/overlay2/c67db69595a3d2745789eee54b6a12386ed738bf6b53966bc9319
d3359ee5e78/work"
            },
            "Name": "overlay2"
        },
        "Mounts": [],
        "Config": {
            "Hostname": "0291fae191d9",
            "Domainname": "",
            "User": "",
            "AttachStdin": false,
            "AttachStdout": false,
            "AttachStderr": false,
            "ExposedPorts": {
                "8080/tcp": {}
            },
            "Tty": false,
            "OpenStdin": false,
            "StdinOnce": false,
```

```
                "Env": [
"PATH=/usr/local/sbin:/usr/local/bin:/usr/sbin:/usr/bin:/sbin:/bin",
                    "NODE_VERSION=18.10.0",
                    "YARN_VERSION=1.22.19"
                ],
                "Cmd": [
                    "npm",
                    "start"
                ],
                "Image": "nodewebserver",
                "Volumes": null,
                "WorkingDir": "/usr/src/app",
                "Entrypoint": [
                    "docker-entrypoint.sh"
                ],
                "OnBuild": null,
                "Labels": {}
            },
            "NetworkSettings": {
                "Bridge": "",
                "SandboxID":
"579cc528a0befd7fc63c911a47f4ddbcb77d8eaa5deac7c1d364c6f3c567216f",
                "HairpinMode": false,
                "LinkLocalIPv6Address": "",
                "LinkLocalIPv6PrefixLen": 0,
                "Ports": {
                    "8080/tcp": [
                        {
                            "HostIp": "0.0.0.0",
                            "HostPort": "5000"
                        }
                    ]
                },
                "SandboxKey": "/var/run/docker/netns/579cc528a0be",
                "SecondaryIPAddresses": null,
                "SecondaryIPv6Addresses": null,
                "EndpointID":
```

```
"f266a1fef688c71186eac805e0b0e5d173ed32e5fbffa6e532469af3f60db15f",
            "Gateway": "172.17.0.1",
            "GlobalIPv6Address": "",
            "GlobalIPv6PrefixLen": 0,
            "IPAddress": "172.17.0.2",
            "IPPrefixLen": 16,
            "IPv6Gateway": "",
            "MacAddress": "02:42:ac:11:00:02",
            "Networks": {
                "bridge": {
                    "IPAMConfig": null,
                    "Links": null,
                    "Aliases": null,
                    "NetworkID": "de1dea8435aae2f8131ad689948e3d2b6dde6c80826cda1143966112a7df0c38",
                    "EndpointID": "f266a1fef688c71186eac805e0b0e5d173ed32e5fbffa6e532469af3f60db15f",
                    "Gateway": "172.17.0.1",
                    "IPAddress": "172.17.0.2",
                    "IPPrefixLen": 16,
                    "IPv6Gateway": "",
                    "GlobalIPv6Address": "",
                    "GlobalIPv6PrefixLen": 0,
                    "MacAddress": "02:42:ac:11:00:02",
                    "DriverOpts": null
                }
            }
        }
    ]
```

记录下 Node 服务容器对应的 IP 地址，在配置 Nginx 转发时需要用到。

修改 Nginx 配置，Nginx 配置 Location 指向 Node 服务的配置 dcfault.conf。添加一条重写规则，将 /api/{path} 转移到目标服务的/{path}接口上。

在前面的 nginx/default.conf 文件中加入以下内容：

```
location /api/ {
  rewrite /api/(.*) /$1 break;
  proxy_pass http://172.17.0.2:8080;
```

```
}
```

或者在构建镜像的时候,不把 Nginx 配置复制到镜像中,而是直接挂载到宿主机上,每次修改配置后,直接重启容器即可。因此,修改 Dockerfile 文件,将 COPY nginx/default.conf /etc/nginx/conf.d/default.conf 命令、COPY dist/ /usr/share/nginx/html/ 命令删除,使用挂载的方式来启动容器。

直接基于 Nginx 镜像来启动容器 vuenginxnew,命令如下:

```
docker run
-p 3000:80
-d --name vuenginxnew
--mount type=bind,source=$HOME/SelfWork/docker/vueclidemo/nginx,target=/etc/nginx/conf.d
--mount type=bind,source=$HOME/SelfWork/docker/vueclidemo/dist,target=/usr/share/nginx/html
nginx
```

这样每当修改了 Nginx 配置或者重新构建了 Vue 应用的时候,只需重启容器就能立即生效。

14.7　部署 MySQL

首先,从仓库拉取 mysql 镜像到本地:

```
docker pull mysql:5.7.16
```

在 Windows 系统下操作时,一般不会报错。如果使用 Mac M1 版本 docker 安装 mysql 则会报错:

```
no matching manifest for linux/arm64/v8 in the manifest list entries > docker pull mysqlUsing default tag: latestlatest: Pulling from library/mysqlno matching manifest for linux/arm64/v8 in the manifest list entries
```

这是因为 M1 芯片是 ARM64 架构,而 Docker Hub 上没有适用于 ARM64 架构的 mysql 镜像。MySQL 官方提供了适配 ARM64 架构的 mysql 镜像 mysql/mysql-server,所以改用下面这条命令拉取 mysql 镜像即可:

```
docker pull mysql/mysql-server
```

然后,创建 mysql 容器:

```
docker run -d -it -p 3306:3306 -e MYSQL_ROOT_PASSWORD=123456 --name mysql-test mysql/mysql-server:latest
```

其中,-e 表示在创建 mysql 容器的同时创建一个 root 用户,密码为 123456;--name 表示给容器命名为 mysql-test。

查看容器是否创建成功：

```
docker ps
```

结果如图 14-15 所示。

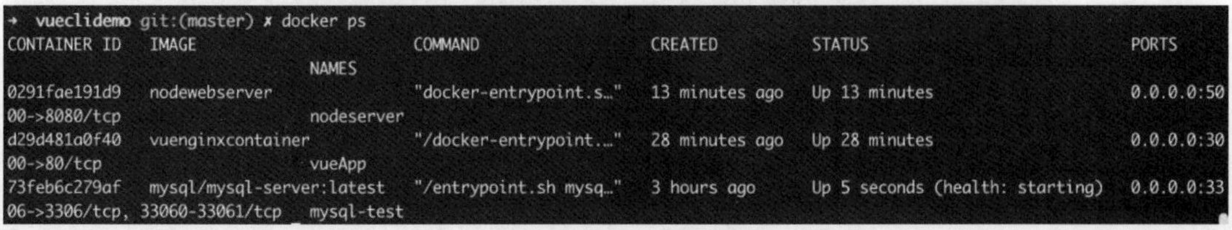

图 14-15 查看 mysql 容器

对于 docker ps -a，当参数设置为"-a"时，可以显示包括未运行的容器在内的所有容器，如图 14-16 所示。

图 14-16 查看所有容器

进入容器中查看：

```
docker exec -it mysql-test /bin/bash
cd /usr/local
ls
```

结果如图 14-17 所示则表示运行成功。

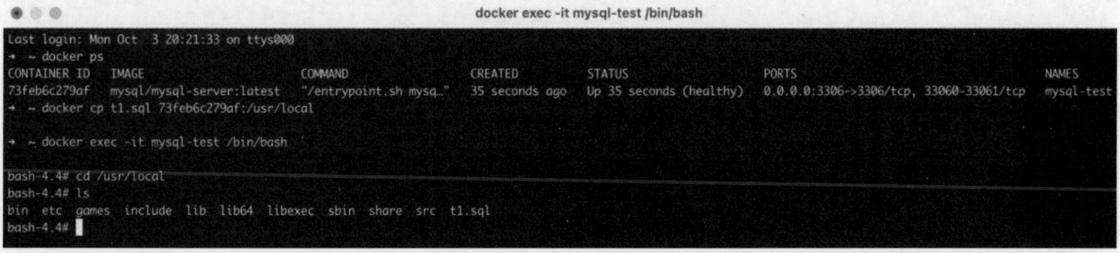

图 14-17 进入 mysql 容器

连接数据库：

```
mysql -uroot -p
```

输入密码，登录 mysql 终端，如图 14-18 所示。

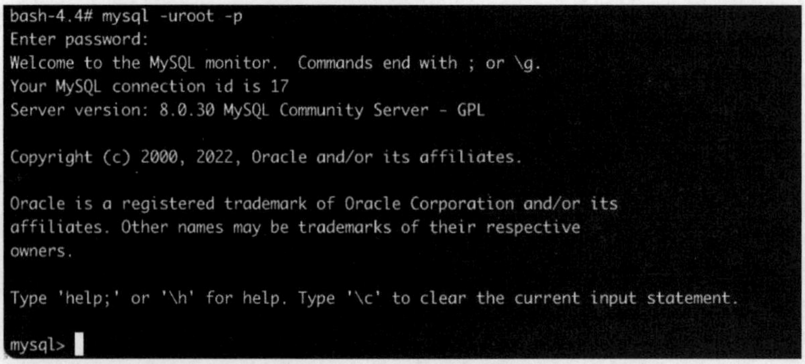

```
bash-4.4# mysql -uroot -p
Enter password:
Welcome to the MySQL monitor.  Commands end with ; or \g.
Your MySQL connection id is 17
Server version: 8.0.30 MySQL Community Server - GPL

Copyright (c) 2000, 2022, Oracle and/or its affiliates.

Oracle is a registered trademark of Oracle Corporation and/or its
affiliates. Other names may be trademarks of their respective
owners.

Type 'help;' or '\h' for help. Type '\c' to clear the current input statement.

mysql>
```

图 14-18　连接数据库

若需要重新设置密码，则使用以下命令：

```
SET PASSWORD FOR 'root' = PASSWORD('设置的密码');
```

重启 mysql 容器即可生效。

在目录中创建 database.sql，用户创建数据表：

```
CREATE TABLE 'users'  (
  'id' int(11) NOT NULL AUTO_INCREMENT,
  'name' varchar(50) NOT NULL,
  'email' varchar(50) NOT NULL,
  'password' varchar(200) NOT NULL,
  PRIMARY KEY (id),
  UNIQUE KEY email (email)
 ) ENGINE=InnoDB AUTO_INCREMENT=4 DEFAULT CHARSET=utf8mb4;
```

执行下面命令在容器内创建数据库和表：

```
# 进入容器内
docker exec -it 73feb6c279af bin/bash
# 连接 mysql， 输入密码
mysql -u root -p
# 显示所有数据库
show databases;
# 创建数据库
create database 'node-app';
# 使用数据库
use 'node-app';
# 导入数据表
source /database.sql;
```

```
# 退出 mysql
exit;
# 退出容器
exit;
```

在 nodejs 中连接数据库。

创建 dbConnection.js 文件：

```
const mysql = require('mysql');
const conn = mysql.createConnection({
  host: '127.0.0.1',
  user: 'root',
  password: '123456',
  database: 'node-app'
});
conn.connect(function(err) {
  if (err) throw err;
  console.log('数据库连接成功');
});
module.exports = conn;
```

测试数据库是否连接成功：

```
node dbConnection.js
# 数据库连接成功
```

创建 server.js 文件：

```
const express = require('express');
const bodyParser = require('body-parser');
const cors = require('cors');
const indexRouter = require('./router.js');
const app = express();
app.use(express.json());
app.use(bodyParser.json());
app.use(bodyParser.urlencoded({
    extended: true
}));
app.use(cors());
app.use('/api', indexRouter);
// 处理错误
```

```js
app.use((err, req, res, next) => {
  // console.log(err);
  err.statusCode = err.statusCode || 500;
  err.message = err.message || "Internal Server Error";
  res.status(err.statusCode).json({
    message: err.message,
  });
});
app.listen(3000,() => console.log(`服务启动成功：http://localhost:3000`));
```

创建 validation.js 文件：

```js
const { check } = require('express-validator');
exports.signupValidation = [
  check('name', '请输入用户名').not().isEmpty(),
  check('email', '请输入合法的邮箱').isEmail(),
  check('password', '密码至少是6位哦').isLength({ min: 6 })
]
exports.loginValidation = [
  check('email', '请输入合法的邮箱').isEmail(),
  check('password', '密码至少是6位哦').isLength({ min: 6 })
]
```

创建 router.js 文件：

```js
const express = require('express');
const router = express.Router();
const db = require('./dbConnection');
const { signupValidation, loginValidation } = require('./validation');
const bcrypt = require('bcryptjs');
const jwt = require('jsonwebtoken');
const JWT_SECRET = 'my-secret'
router.post('/register', signupValidation, (req, res, next) => {
  db.query(
    `SELECT * FROM users WHERE LOWER(email) = LOWER(${db.escape(
      req.body.email
    )});`,
    (err, result) => {
      if (result.length) {
        return res.status(409).send({
```

```javascript
          msg: '邮箱已被注册'
        });
      } else {
        // 如果可以注册
        bcrypt.hash(req.body.password, 10, (err, hash) => {
          if (err) {
            return res.status(500).send({
              msg: err
            });
          } else {
            // 密码加密后，存入数据库
            db.query(
              `INSERT INTO users (name, email, password) VALUES ('${req.body.name}', ${db.escape(
                req.body.email
              )}, ${db.escape(hash)})`,
              (err, result) => {
                if (err) {
                  return res.status(400).send({
                    msg: err
                  });
                }
                return res.status(201).send({
                  msg: '用户注册成功'
                });
              }
            );
          }
        });
      }
    }
  );
});

router.post('/login', loginValidation, (req, res, next) => {
  db.query(
    `SELECT * FROM users WHERE email = ${db.escape(req.body.email)};`,
    (err, result) => {
```

```javascript
      // 用户不存在
      if (err) {
        // throw err;
        return res.status(400).send({
          msg: err
        });
      }
      if (!result.length) {
        return res.status(401).send({
          msg: '用户名或密码错误'
        });
      }
      // 检查密码是否正确
      bcrypt.compare(
        req.body.password,
        result[0]['password'],
        (bErr, bResult) => {
          // 密码错误
          if (bErr) {
            // throw bErr;
            return res.status(401).send({
              msg: '用户名或密码错误'
            });
          }
          if (bResult) {
            const token = jwt.sign({ id: result[0].id }, JWT_SECRET, { expiresIn: '1h' });
            db.query(
              `UPDATE users SET last_login = now() WHERE id = '${result[0].id}'`
            );
            return res.status(200).send({
              msg: '登录成功',
              token,
              user: result[0]
            });
          }
          return res.status(401).send({
            msg: '用户名或密码错误'
```

```
        });
      }
    );
  }
);
});

router.post('/get-user', signupValidation, (req, res, next) => {
  if (
    !req.headers.authorization ||
    !req.headers.authorization.startsWith('Bearer') ||
    !req.headers.authorization.split(' ')[1]
  ) {
    return res.status(422).json({
      message: "缺少 Token",
    });
  }
  const theToken = req.headers.authorization.split(' ')[1];
  const decoded = jwt.verify(theToken, JWT_SECRET);
  db.query('SELECT * FROM users where id=?', decoded.id, function (error, results, fields) {
    if (error) throw error;
    return res.send({ error: false, data: results[0], message: '请求成功' });
  });
});

module.exports = router;
```

运行 Express 服务。

安装 nodemon：

```
npm install nodemon --save-dev
```

修改 package.json：

```
"scripts": {
    "start": "nodemon server.js"
},
```

运行项目：

```
npm start
# 服务启动成功：http://localhost:3000
# 数据库连接成功
```

重新对 Express 项目构建镜像，重启容器进行验证。

第 15 章

通过 Docker Desktop 使用 Kubernetes

Kubernetes 是 Google 团队发起并维护的、基于 Docker 的开源容器集群管理系统。Kubernetes 的目标是管理跨多个主机的容器，提供基本的部署、维护以及应用伸缩，主要实现语言为 Go 语言。构建于 Docker 之上的 Kubernetes 可以构建一个容器的调度服务，其目的是让用户通过 Kubernetes 集群来进行云端容器集群的管理，且无须用户进行复杂的设置工作。

注意：有关 Kubernetes 的详细讲解，读者可参看一些 Kubernetes 入门书籍，比如《从 Docker 到 Kubernetes 入门与实战》《Kubernetes 零基础快速入门》《每天 5 分钟玩转 Kubernetes》等。

本章主要涉及的知识点有：

- Kubernetes 基本概念。
- Kubernetes 架构设计。
- Kubernetes 使用示例。

15.1 Kubernetes 基本概念

Kubernetes（简称 K8s）是自动化容器操作的开源平台，这些操作包括部署、调度和节点集群间扩展。如果使用 Docker 容器技术部署容器，那么可以将 Docker 看作 Kubernetes 内部使用的组件。Kubernetes 不仅支持 Docker，还支持 Rocket，Rocket 是另一种容器技术。kubectl 是和 Kubernetes API 交互的命令行程序。使用 Kubernetes 有诸多好处：

- 自动化容器的部署和复制。
- 随时扩展或收缩容器规模。
- 将容器组织成组，并且提供容器间的负载均衡。
- 便于升级应用程序容器的新版本。
- 提供容器弹性，替换失效的容器。

Kubernetes 中核心的概念包括 Cluster（集群）、Node、Pod、Label、RC（Replication Controller）、Service 等。

15.1.1　Cluster

Kubernetes Cluster（集群）是一组用于运行容器化应用的节点计算机。Kubernetes 运行的其实就是集群。

集群至少包含一个控制平面（Control Plane），以及一个或多个计算机器或节点。控制平面负责维护集群的预期状态，例如运行哪个应用以及使用哪个容器镜像。节点则负责应用和工作负载的实际运行。集群是 Kubernetes 的核心优势，能够在内部或云端跨一组机器（物理机、虚拟机都可以）调度和运行容器。Kubernetes 集群控制平面和组件如图 15-1 所示。

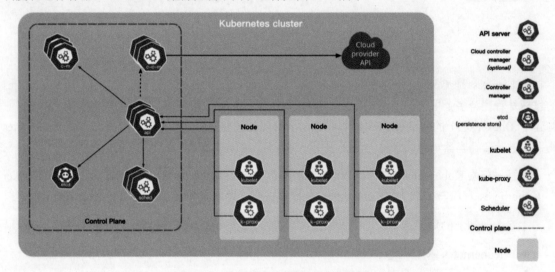

图 15-1　Kubernetes 集群控制平面和组件

我们先来了解一下相关术语：

- 控制平面（Control Plane）：控制 Kubernetes 节点的进程的集合。所有任务分配都来自于控制平面。
- 节点（Node）：节点机器负责执行由控制平面分配的请求任务。
- 容器集（Pod）：部署到单个节点上且包含一个或多个容器的容器组。容器集是最小、最简单的 Kubernetes 对象。
- 服务（Service）：服务是一种将运行于一组容器集上的应用开放为网络服务的方法，通过服务可将工作定义与容器集分离。
- 数据卷（Volume）：数据卷是一个包含数据的目录，可供容器集内的容器访问。Kubernetes 数据卷与所在的容器集具有相同的生命周期。数据卷的生命周期要长于容器集内运行的所有容器的生命周期，并且在容器重新启动时会保留相应的数据。
- 命名空间（Namespace）：命名空间是一个虚拟集群。命名空间允许 Kubernetes 管理同一物理集群中的多个集群（针对多个团队或项目）。

集群的核心概念及其相互关系如图 15-2 所示。

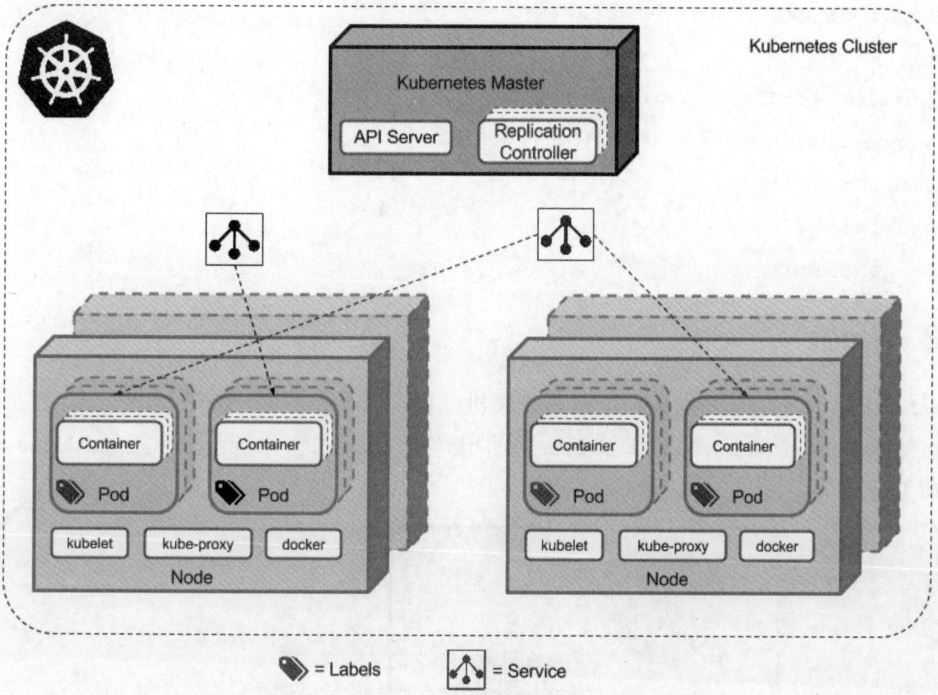

图 15-2　集群的核心概念及其相互关系

Kubernetes 集群会有预期状态，定义了应运行哪些应用或工作负载、应使用哪些镜像、应提供哪些资源，以及其他诸如此类的配置详情。预期状态是由配置文件定义的，配置文件由 JSON 或 YAML 等清单文件组成，这些文件用于声明要运行的应用类型以及运行一个正常系统所需的副本数。集群的预期状态将通过 Kubernetes API 进行定义，可以从命令行（使用 kubectl）完成此操作，也可以使用 API 与集群进行交互，以设置或修改预期状态。

15.1.2　Pod

Kubernetes 使用 Pod 来管理容器，每个 Pod 可以包含一个或多个紧密关联的容器。Pod 是一组紧密关联的容器集合，它是一个或多个容器在其中运行的资源封装，它们共享 PID、IPC、Network 和 UTS Namespace，是 Kubernetes 调度的基本单位。保证属于同一 Pod 的容器可以一起调度到同一台计算机上，并且可以通过本地数据卷共享状态。Pod 内的多个容器共享网络和文件系统，可以通过进程间通信和文件共享这种简单高效的方式组合完成服务。

在 Kubernetes 中，所有对象都使用 manifest（YAML 或 JSON）来定义，例如一个 nginx 服务可以定义为 nginx.yaml，它包含一个镜像为 nginx 的容器：

```
apiVersion: v1
kind: Pod
metadata:
  name: nginx
```

```
  labels:
    app: nginx
spec:
  containers:
  - name: nginx
    image: nginx
    ports:
    - containerPort: 80
```

15.1.3 Node

Node 是 Pod 真正运行的主机，可以是物理机，也可以是虚拟机。为了管理 Pod，每个 Node 上至少要运行 container runtime（比如 Docker 或者 rkt）、kubelet 和 kube-proxy 服务。Node 与 Pod 的关系如图 15-3 所示。

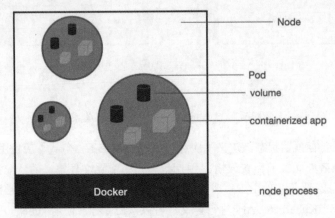

图 15-3　Node 与 Pod 的关系

15.1.4 Namespace

Namespace 是对一组资源和对象的抽象集合，例如可以用来将系统内部的对象划分为不同的项目组或用户组。常见的 Pod、Service、Replication Controller 和 Deployment 等都是属于某一个 Namespace 的（默认是 default），而 Node、Persistent Volume 等则不属于任何 Namespace。

15.1.5 Service

Kubernetes 使用服务抽象支持命名和负载均衡，带名字的服务会映射到由标签选择器定义的一组动态 Pod。集群中的任何容器都可以使用服务名访问服务。

Service 是应用服务的抽象，通过标签为应用提供负载均衡和服务发现。匹配标签的 Pod IP 和端口列表组成 endpoint，由 kube-proxy 负责将服务 IP 负载均衡到这些 endpoint 上。

每个 Service 都会自动分配一个 Cluster IP 地址（仅可在集群内部访问的虚拟地址）和 DNS，其他容器可以通过该地址或 DNS 来访问服务，而不需要了解后端容器的运行，如图 15-4 所示。

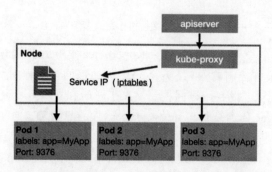

图 15-4　其他容器通过 Cluster IP 地址或 DNS 来访问服务

15.1.6　Label

Label 是识别 Kubernetes 对象的标签，以 key/value 的方式附加到对象上（key 最长不能超过 63 字节；value 可以为空，也可以是不超过 253 字节的字符串）。

Label 不提供唯一性，实际上经常是很多对象（如 Pod）都使用相同的 Label 来标志具体的应用。

Label 定义好之后，其他对象可以使用 Label Selector 来选择一组相同 Label 的对象（比如 ReplicaSet 和 Service 用 Label 来选择一组 Pod）。Label Selector 支持以下几种方式：

- 等式，如 app=nginx 和 env!=production。
- 集合，如 env in (production, qa)。
- 多个 label（它们之间是 AND 关系），如 app=nginx、env=test。

15.2　Kubernetes 架构设计简介

Kubernetes 整体架构如图 15-5 所示，整个系统由控制面（Master）与数据面（Worker Node）组成。

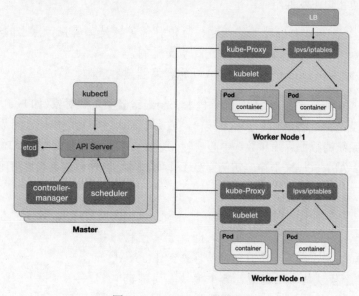

图 15-5　Kubernets 整体架构

Kubernetes 的 Master 主要由以下几个核心组件组成：

- Etcd：保存了整个集群的状态，存储 Kubernetes 集群的数据与状态信息。
- API Server：是集群控制的入口，是各个组件通信的中心枢纽，提供了资源操作的唯一入口，并提供认证、授权、访问控制、API 注册和发现等机制。
- Controller Manager 负责维护集群的状态，比如故障检测、自动扩展、滚动更新等；负责编排，用于调节系统状态。内置了多种控制器（Deployment Controller、Service Controller、Node Controller、HPA Controller 等），是 Kubernetes 维护业务和集群状态的核心组件。
- Schedule：负责资源的调度，按照预定的调度策略将 Pod 调度到相应的机器上；是集群的调度器，负责在 Kubernetes 集群中为 Pod 资源对象找到合适节点并使其在该节点上运行。
- kubelet：负责维护容器的生命周期，同时也负责 Volume（CVI）和网络（CNI）的管理。
- Container Runtime：负责镜像管理，以及 Pod 和容器的真正运行（CRI）。
- kube-proxy：负责为 Service 提供 Cluster 内部的服务发现和负载均衡。

Kubernetes 架构具备高可用：一方面 Master 节点高可用，另一方面所部署的业务也是高可用的。系统高可用的核心在于冗余部署，当某一个节点或程序出现异常时，其他节点或程序能分担或替换工作。Master 节点的高可用主要由以下几个方面的设计来实现：

- Master 由多台服务器构成。
- API Server 多实例同时工作，负载均衡。
- Etcd 多节点，一主多从。
- Controller Manager 与 Scheduler 抢主实现。

Work Node 节点由以下组件组成：

- kubelet：负责 Pod 对应容器的创建、启停等任务，是部署在节点上的一个 Agent。
- kube-proxy：实现 Service 通信与负载均衡机制。
- 容器运行时（如 Docker）：负责本机的容器创建和管理。

Kubernetes 中 API Server 的核心功能是提供 Kubernetes 各类资源对象（如 Pod、RC、Service 等）的增、删、改、查及 Watch 等 HTTP REST 接口，成为集群内各个功能模块之间数据交互和通信的中心枢纽，是整个系统的数据总线和数据中心。除此之外，它还是集群管理的 API 入口，提供了完备的集群安全机制。API Server 是由多实例同时工作的，各个组件通过负载均衡连接到具体的 API Server 实例上。

API Server 的作用如下：

- 集群控制、访问的入口，统一的认证、流量控制、鉴权等。
- Ectd 数据的缓存层，请求不会轻易穿透到 Etcd。
- 集群中各个模块的中心枢纽，各个模块之间解耦。
- 便于模块插件的扩展（其他模块通过 List、Watch 机制即可实现扩展功能）。

15.3 Kubernetes 使用示例

本节通过一个示例来介绍 Kubernetes 的使用。

15.3.1 启用 Kubernetes

Docker Desktop 集成了 Kubernetes 功能，可以满足最快完成 Kubernetes 学习环境搭建的需求。如果没有安装 Docker Desktop，可以直接下载最新版本进行安装。如果已安装 Docker，为了更新至最新版本，也可以使用下载最新版本安装的方式进行版本更新。

成功安装 Desktop 后，可以在 About 菜单中看到其版本号，如图 15-6 所示。

图 15-6　Docker Desktop

Docker 的桌面应用除了提供 Docker CLI 集成外，还内嵌了一个 Kubernetes 集群，这个集群默认是不开启的，启用后这个单点的 Kubernetes 集群会运行在本地的 Docker 实例中。要启用这个集群，首先需要打开 Docker 应用的 Preferences（首选项）界面，在界面左侧选择 Kubernetes 选项，如图 15-7 所示。

图 15-7　启用 Kubernetes

然后单击 Apply&Restart（应用并重启）按钮，等待 Kubernetes 安装完成，这个执行过程需要一两分钟。这个过程除了启用 Kubernetes 集群外，如果计算机上之前没有安装过 kubectl（客户端命令工具），则还会自动安装上 kubectl，并配置连接到刚才启动的本地集群上。

为了更顺畅地运行 Kubernetes，需要调整 Desktop 的资源配置，如图 15-8 所示。

图 15-8　调整 Desktop 的资源配置

15.3.2　使用 Kubernetes

集群启用完成后，Docker 桌面应用的选项卡在界面上会有些微的变化，显示 Kubernetes 集群已经成功启动起来了，如图 15-9 所示。

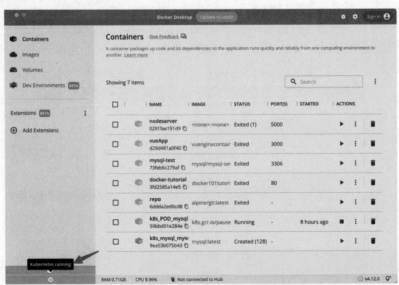

图 15-9　Kubernetes 启动后 Docker 桌面的状态

当界面左下角出现 Kubernetes 的 logo 并逐步变为绿色，表示整个 Kubernetes 的环境也就运行起来了，可以看到界面上已经显示出整个"集群"的信息。此时，我们就可以通过 kubectl 来操作集群，在系统终端的命令行窗口输入 kubectl get 命令查看效果：

```
➜  ~ kubectl get node
NAME             STATUS   ROLES           AGE    VERSION
docker-desktop   Ready    control-plane   33h    v1.25.0
➜  ~ kubectl get pods
No resources found in default namespace.
➜  ~ kubectl get pods -A
NAMESPACE     NAME                                     READY   STATUS    RESTARTS       AGE
kube-system   coredns-95db45d46-9k78x                  1/1     Running   0              4h28m
kube-system   coredns-95db45d46-t7vzj                  1/1     Running   0              4h28m
kube-system   etcd-docker-desktop                      1/1     Running   0              4h28m
kube-system   kube-apiserver-docker-desktop            1/1     Running   0              4h28m
kube-system   kube-controller-manager-docker-desktop   1/1     Running   0              4h28m
kube-system   kube-proxy-7749f                         1/1     Running   0              4h28m
kube-system   kube-scheduler-docker-desktop            1/1     Running   0              4h28m
kube-system   storage-provisioner                      1/1     Running   0              4h27m
kube-system   vpnkit-controller                        1/1     Running   7 (2m17s ago)  4h27m
```

可以看到我们现在使用的是一个单节点、名字叫作 docker-desktop 的集群。

使用 Docker 桌面应用自带的 Kubernetes 集群，集群外部通过 127.0.0.1 就能访问集群内部，即通过 127.0.0.1:port 的形式就能访问通过 NodePort 类型的 Service 向集群外暴露的资源。

15.3.3 创建 MySQL

首先，在项目目录 K8s 下创建 mysql.yaml 文件，文件内容如下：

```yaml
---
apiVersion: v1
kind: Service
metadata:
  name: mysql
spec:
  type: NodePort
  ports:
  - port: 3306
```

```yaml
      targetPort: 3306
      nodePort: 30006
  selector:
    app: mysql

---
apiVersion: apps/v1
kind: Deployment
metadata:
  name: mysql
spec:
  selector:
    matchLabels:
      app: mysql
  strategy:
    type: Recreate
  template:
    metadata:
      labels:
        app: mysql
    spec:
      containers:
      - name: mysql
        image: mysql
        ports:
        - containerPort: 3306
          name: mysql
        volumeMounts:
        - name: mysql-persistent-storage
          mountPath: /var/lib/mysql
      volumes:
      - name: mysql-persistent-storage
        persistentVolumeClaim:
          claimName: mysql-pv-claim

---
apiVersion: v1
kind: PersistentVolume
```

```yaml
metadata:
  name: mysql-pv-volume
  labels:
    type: local
spec:
  capacity:
    storage: 5Gi
  accessModes:
    - ReadWriteOnce
  storageClassName: manual
  hostPath:
    path: "/Users/moilions/Documents/mesa/k8s/data"

---
apiVersion: v1
kind: PersistentVolumeClaim
metadata:
  name: mysql-pv-claim
spec:
  storageClassName: manual
  resources:
    requests:
      storage: 5Gi
  accessModes:
    - ReadWriteOnce
```

输入以下命令，创建 MySQL：

```
➜ k8s kubectl create -f mysql.yaml
service/mysql created
deployment.apps/mysql created
persistentvolume/mysql-pv-volume created
persistentvolumeclaim/mysql-pv-claim created
```

此时，检查 Pod 会发现多了 MySQL：

```
➜ k8s kubectl get pod
NAME                      READY   STATUS             RESTARTS         AGE
mysql-5cd576b8b4-tfxpt    0/1     CrashLoopBackOff   39 (4m2s ago)    8h
```

15.3.4 使用命名空间部署 MySQL

1. 创建 Namespace

```
➜ k8s kubectl create namespace dev
namespace/dev created
```

2. 创建持久卷（PV），用来存储 MySQL 数据文件

（1）定义一个容量大小为 1GB 的 PV，挂载到 /nfs/data/01 目录，需要手动创建该目录：

```
mkdir -p /nfs/data/01
```

（2）编写 mysql-pv.yaml 文件内容，要创建的 PV 对象名称为 pv-1gi：

```yaml
# 定义持久卷信息
apiVersion: v1
kind: PersistentVolume
metadata:
  # PV 是没有 Namespace 属性的，它是一种跨 Namespace 的共享资源
  name: pv-1gi
spec:
  capacity:
    storage: 1Gi
  accessModes:
    - ReadWriteMany
  # 存储类，具有相同存储类名称的 PV 和 PVC 才能进行绑定
  storageClassName: nfs
  nfs:
    path: /nfs/data/01
    server: 192.168.59.110
```

（3）创建该 PV 对象：

```
➜ k8s kubectl create -f mysql-pv.yaml
persistentvolume/pv-1gi created
```

（4）查看创建结果：

使用 kubectl get pv 命令，可以看到创建结果。

```
➜ k8s kubectl get pv
NAME              CAPACITY   ACCESS MODES   RECLAIM POLICY   STATUS   CLAIM   STORAGECLASS   REASON   AGE
mysql-pv-volume   5Gi        RWO            Retain           Bound
```

```
default/mysql-pv-claim      manual                    9h
   pv-1gi            1Gi      RWX        Retain         Available
nfs                   45s
```

```
➜ k8s kubectl describe pv pv-1gi
Name:              pv-1gi
Labels:            <none>
Annotations:       <none>
Finalizers:        [kubernetes.io/pv-protection]
StorageClass:      nfs
Status:            Available
Claim:
Reclaim Policy:    Retain
Access Modes:      RWX
VolumeMode:        Filesystem
Capacity:          1Gi
Node Affinity:     <none>
Message:
Source:
    Type:          NFS (an NFS mount that lasts the lifetime of a pod)
    Server:        192.168.59.110
    Path:          /nfs/data/01
    ReadOnly:      false
Events:            <none>
```

3. 创建持久卷声明 PVC

声明存储大小为 1GB 的 PVC 资源，Kubernetes 会根据 storageClassName（存储类名称）找到匹配的 PV 对象进行绑定。

（1）编写 mysql-pvc.yaml 文件内容，要创建的 PVC 对象名称是 mysql-pvc：

```yaml
# 定义mysql的持久卷声明信息
apiVersion: v1
kind: PersistentVolumeClaim
metadata:
  name: mysql-pvc
  namespace: dev
spec:
  accessModes:
    - ReadWriteMany
```

```
    resources:
      requests:
        storage: 1Gi
    # 存储类，具有相同存储类名称的 PV 和 PVC 才能进行绑定
    storageClassName: nfs
```

（2）创建该 PVC 对象：

➜ k8s kubectl create -f mysql-pvc.yaml

persistentvolumeclaim/mysql-pvc created

（3）查看创建结果：

可以看到 mysql-pvc 对象已经和 pv-1gi 对象绑定上了。

```
➜ k8s kubectl get pvc -n dev
NAME         STATUS   VOLUME   CAPACITY   ACCESS MODES   STORAGECLASS   AGE
mysql-pvc    Bound    pv-1gi   1Gi        RWX            nfs            33s
➜ k8s kubectl describe pvc mysql-pvc -n dev
Name:          mysql-pvc
Namespace:     dev
StorageClass:  nfs
Status:        Bound
Volume:        pv-1gi
Labels:        <none>
Annotations:   pv.kubernetes.io/bind-completed: yes
               pv.kubernetes.io/bound-by-controller: yes
Finalizers:    [kubernetes.io/pvc-protection]
Capacity:      1Gi
Access Modes:  RWX
VolumeMode:    Filesystem
Used By:       <none>
Events:        <none>
```

4. 创建 Secret 对象用来保存 MySQL 的 root 用户密码

（1）设置密码为 123456，执行创建命令：

```
➜ k8s kubectl create secret generic mysql-root-password
--from-literal=password=123456 -n dev


secret/mysql-root-password created
```

（2）查看创建结果：

```
➜ k8s kubectl get secret mysql-root-password -o yaml -n dev
apiVersion: v1
data:
  password: MTIzNDU2
kind: Secret
metadata:
  creationTimestamp: "2022-11-27T11:52:17Z"
  name: mysql-root-password
  namespace: dev
  resourceVersion: "29669"
  uid: fdb285ee-6782-4242-9e3a-1fec4dd9e90d
type: Opaque
```

5. 创建 Deployment 和 Service

（1）编辑 mysql-svc.yaml 文件内容：

Service 使用 NodePort 类型，其中指定暴露的 nodePort 为 31234，可以在宿主机使用 Navicat 客户端对 MySQL 进行访问。

```
# 定义 MySQL 的 Deployment
apiVersion: apps/v1
kind: Deployment
metadata:
  labels:
    app: mysql
  name: mysql
  namespace: dev
spec:
  selector:
    matchLabels:
      app: mysql
  template:
    metadata:
      labels:
        app: mysql
    spec:
      containers:
      - image: mysql:8.0
```

```yaml
        name: mysql
        env:
        - name: MYSQL_ROOT_PASSWORD
          valueFrom:
            secretKeyRef:
              name: mysql-root-password
              key: password
          # 如果不想使用 secret 对象保存 MySQL 登录密码，可以直接使用下面的方式指定，方式简单粗暴但未尝不可
          # value: "123456"
        ports:
        - containerPort: 3306
        volumeMounts:
        - name: mysqlvolume
          mountPath: /var/lib/mysql
      volumes:
      - name: mysqlvolume
        # 使用 PVC
        persistentVolumeClaim:
          claimName: mysql-pvc
---
# 定义 MySQL 的 Service
apiVersion: v1
kind: Service
metadata:
  labels:
    app: svc-mysql
  name: svc-mysql
  namespace: dev
spec:
  selector:
    app: mysql
  type: NodePort
  ports:
  - port: 3306
    protocol: TCP
    targetPort: 3306
    nodePort: 31234
```

第 15 章 通过 Docker Desktop 使用 Kubernetes

（2）执行创建命令：

```
➜ k8s kubectl create -f mysql-svc.yaml

deployment.apps/mysql created
service/svc-mysql created
```

（3）查看创建结果：

使用 kubectl get 命令，可以看到 MySQL 的 Pod 已处于运行状态：

```
➜ k8s kubectl get pod,svc -n dev
NAME                            READY   STATUS             RESTARTS   AGE
pod/mysql-9c8db6564-f6hjs       0/1     ContainerCreating  0          31s


NAME                  TYPE       CLUSTER-IP     EXTERNAL-IP   PORT(S)          AGE
service/svc-mysql     NodePort   10.97.194.162  <none>        3306:31234/TCP   31s
```

学会在 Docker Tesktop 中操作 Kubernetes，读者就可以在这个环境下继续深入学习 Kubernetes 了。